铁葫芦

ちょうどいい数をすっきりしまう

从零开始学收纳

（基础篇）

日本株式会社主妇与生活社 编
谢 玥 译

浙江人民出版社

CONTENTS

目录

Souvenirs de Voyages

INTRODUCTORY SONG

开篇

想想看，对于我家来说，什么是“合适的数量”

“合适的数量”当然因人而异，并不是简单地减少就可以

在物品日益增多的生活中，想用的东西找不到，已经有的东西又重复购买，这种情况是对时间、金钱和空间的浪费。

如果能找到对自己来说“合适的数量”以及保持这个数量的收纳方法，就可以有效减少浪费。

最近经常听到一个形容极端减少物品的词语——“极简派”。

但是本书的目的并不是教你将物品减少到极限。

过度减少物品，会使生活不便、失去乐趣。

思考一下对现在的自己来说什么是必要的、需要多少，能将它们整理得使用起来很方便，这个工作才是舒适生活的根本。

明白了“合适的数量”，生活瞬间变轻松
如果现在你感到生活不舒适，很可能是因为你不知道对你来说什么是“合适的数量”。

比如内衣、袜子、盘子等生活必需品。

“如果每天清洗的话，包括替换用的，准备4件就足够了”，“鞋子脏得很快，每个季节处理1双旧的，再买1双新的”，如果能像这样审视一下，那么家中的所有物品都在“目力所及”的范围内。这样做的结果是，会减少无效的行为，使收拾、做饭、扫除等，所有事情都会变得顺利！如果你希望过上这样的生活，那么找到“合适的数量”是最有效的捷径。

先来参考一下家庭结构最相近的家庭收纳情况。

本书介绍的 8 位收纳达人

从单身、夫妻 2 人，到家中有孩子的 4 口之家，我们介绍的收纳达人在家庭构成、年龄、生活方式等方面都不同。

（译者注：LDK 是日本用来介绍房屋布局的常用词，L 表示起居室客厅，D 表示饭厅，K 表示厨房。1LDK 表示 1 个房间外加客厅、饭厅、厨房，3LDK 表示 3 个房间外加客厅、饭厅、厨房。）

FILE 01

吉 留 妇 美 子

（43 岁 / 全职上班族）

- □ 单身（+1 只猫）
- □ 建成 4 年的独栋楼房（1LDK，63 m²）
- □ 爱好：手工制作摆件、创意翻新

FILE 02

山 本 琉 实

（36 岁 / 专职主妇）

- □ 丈夫（39 岁）、长子（12 岁）、次子（9 岁），4 口之家（+1 只狗）
- □ 建成 5 年的独栋楼房（3LDK，100 m²）
- □ 爱好：养绿色植物、改变房间样式

FILE 03

樋 口 千 晶

（31 岁 / 专职主妇）

- □ 丈夫（31 岁）、女儿（4 岁）、儿子（2 岁），4 口之家
- □ 建成 26 年的租赁公寓（3LDK，70 m²）
- □ 爱好：家具 DIY、收集名家制作的器皿

FILE 04

小 山 田 麻 依 子

（38 岁 / 短时打工）

- □ 丈夫（40 岁）、女儿（14 岁），3 口之家（+1 只狗）
- □ 建成 19 年的独栋楼房（3LDK，85 m²）
- □ 爱好：手工制作、遛狗

FILE 05

中 川 由 纪 子

（40 岁 / 专职主妇）

□ 丈夫（39 岁）、女儿（12 岁）、儿子（8 岁），4 口之家

□ 建成 15 年的独栋楼房（3LDK，72 ㎡）

□ 爱好：做点心、送人小礼物

FILE 06

津 田 麻 美

（40 岁 / 短时打工）

□ 丈夫（41 岁）、长女（14 岁）、次女（11 岁），4 口之家

□ 建成 12 年的独栋楼房（3LDK，80 ㎡）

爱好：重新涂家具、在家悠闲地喝茶

FILE 07

柴 野 亚 希 子

（42 岁 / 个体经营）

□ 丈夫（43 岁）、长子（16 岁）、次子（14 岁）、女儿（9 岁），5 口之家

□ 建成 10 年的独栋楼房（4LDK，136 ㎡）

□ 爱好：收集室内装饰品、手工制作饰品

FILE 08

泷 本 真 奈 美

（45 岁 / 个体经营）

□ 丈夫（38 岁），2 人世界（+1 只狗）

□ 建成 5 年的独栋楼房（3LDK，120 ㎡）

□ 爱好：手工制作摆件、翻新室内装饰、整理收纳

43岁 1只猫

☐ 1LDK 的独栋楼房

☐ 单身

吉留妇美子

常年从事与服装行业相关的工作，对空间的留白、颜色以及数量的平衡很在意。最终留意到，如果将物品整理为“各 2 个”“3 种颜色以内”的话，看着舒心，用着方便。

住在娘家的时候，我的房间一直是乱七八糟的。尽管一直从事服装店的商品陈列工作，但是对自己家中的情况却完全没有意识。

整理的意识观念发生转变的契机，是4年前家里翻新改建。我在父母转让给我的土地上，盖了一栋19坪（译者注：1坪≈3.3㎡）的小楼。我计划内部装修不花什么钱，在新盖的小楼里自己翻新。给墙面喷漆，在墙上贴腰线，随着工程的进展，渐渐对自己的家有了爱。我终于领悟到要想住得更舒心，必须重新审视什么是必要的物品并减少数量。正因为是单身生活，所以才更要让生活很方便，随时把握什么物品在什么位置。

首先，从扔掉超过1年未被使用的物品开始。将那些冲动购买的摆件、没想好摆在哪里的装饰物干脆扔掉。把自己的家当作店铺来搭配，自己喜欢的是什么呢？这样一想，就发现只有白色、米色、蓝色3种颜色。从那以后，买东西的时候只选这3种颜色其中之一。这样，新买的物品就不会和现有的物品产生不和谐，看着非常舒服。

如今，当我工作结束疲惫地回到家，家能令我彻底放松，是最让我舒心的地方。合理的物品存放在合理的位置，让我感到舒适和踏实。不过，今后我还需要注意不让自己喜欢的陶器、制作摆件的材料过多地增加。

2层的起居室。为了让护肤、化妆都可以在这里完成，把所需物品装在1个木箱里，置于桌子下面。

厨房

KITCHEN

对喜欢的餐具进行斟酌挑选，“1 种 2 个”自己 1 个、朋友 1 个

全职上班族的我，对料理并不算很擅长。深夜疲惫地回到家之后，为了能让自己愉快、高效地做顿饭，我的目标是“收纳做到一目了然并且美观”。由于意大利面、汉堡等西餐做得比较多，所以大的盘子以 2 个为一组，立着排放在开放式架子上，这样取放都很容易。因为想到会叫关系亲密的朋友到家里来，所以盘子必须每种准备 2 个。否则，对朋友说：“来，尝尝！”拿出的盘子却不一样，不仅对方感觉不好，自己的情绪也会受影响。我觉得，创造出一种可以让自己保持干劲的环境，自己的可塑性也随之变强了。

碗和盘子，直径 10cm 的以 2 个为一组

晚饭使用的瓷饭碗和木碗、盛菜用的小碟子，分别归类成组。放在烹饪台后面的 2 个小篮子里。准备 5 个，用于每天变换交替使用。

准备 2 种自己喜爱的杯垫，各 2 枚，用于招待客人

餐巾、漂亮的餐布也一并收纳。

配合料理，9种×2个

最上面一层的小容器用于盛汤，中间层用于盛盖饭或者面条。除了大盘子外，每种都是2个叠在一起摆放。这样可以很容易找到想用的物品。

根据用途设置不同的摆放区域
减少无效的动作

将每天、每顿饭都要用到的物品归纳到一起，摆放在冰箱旁边、烹饪台正后方的位置。必要时才拿出来的珍藏的杯子、杯托，在玻璃盒子里放 2 种，每种 2 套，重要客人来访时使用。

装饰品也是 2 个看起来舒服

比起装饰很多物品，将其数量控制在 2 个，更能取得视觉上的平衡。比如咖啡罐，2 个相同尺寸的或者大小不同的，并排摆放，看上去就很棒。

冰箱用的除菌剂，准备必需的 2 种。容器中的内容物使用替换装，容器摆在冰箱里的上层固定位置。

冰箱里，根据食材种类，每种准备 2 个分类盒子

左图：保质期短的鸡蛋、肉类，放在最容易拿取的中间位置。用塑料盒子，很容易清洗，保持清洁。其他的食材，将保质期和使用频率相近的归为 2 组，摆放整齐。右图：调味料 1 种 1 个，都放在木箱中。

招待客人时用的物品
平时用的物品
tea
cafe
CAFE
Flour

刀叉用具分装在4个篮子里

抽屉里正好能放4个"NATURAL KITCHEN"的篮子(25cmx10cmx4cm)。筷子与刀叉各放1个篮子，工具占用2个篮子。

拉开距离挂在墙上，可以减少操作中的失误

木铲等烹饪中需要马上拿到手的工具，每种1个，拉开距离挂在墙上。既可以避免操作中的失误，又可以提高效率。

厨房用具挂在煤气灶前的墙上

清扫工具放在水槽下方

将物品放置在操作中伸手可及的地方

大前提是把物品放在需要使用它的地方。特别是烹饪时，如果再去找东西，就会手忙脚乱，做出来的味道也会差那么一点儿，所以要减少风险。清扫工具也应放在清扫对象的旁边，归纳至一处，这样操作起来就瞬间变得轻松。

将同时使用的清理水池的工具归为 1 组

小苏打、柠檬酸、去污粉与刷子归为 1 组。这样可以同时搬运。准备 6 块除水渍用的三聚氰胺海绵。

厨房使用的工具，归在一起放进 1 个迷你篮子

拆包装用的剪刀、小刀，记笔记用的笔，各放 1 个。只准备厨房中的必用品，将它们归纳至一处。

排水口滤网、垃圾袋，分别装在 4 个手工艺纸袋内

排水口滤网、塑料袋、有密封扣的密封袋、垃圾袋，就这么放在外面会不美观，收纳进“Seria”手工艺纸袋内。

厨房

KITCHEN

对于实用的工具，“1 种用途只准备 1 个”单身生活不需要那么多工具

厨房用品、打扫工具，即使有很多也用不上，基本上“1 个种类准备 1 个”就足够了。我属于看到物品可爱的外形就有使用欲望的人，所以把小苏打、柠檬酸等环保清洁用品都收纳在 100 日元的容器里，再把它们归纳至自己非常喜欢的珐琅盒子中，在这方面下功夫，也是必不可少的。抽屉里归置整齐后，自己的心情也不可思议地变好了。与在娘家和家人一起生活时比起来，感觉自己做家务越来越利索了。

工作室
ATELIER

DIY 材料“只装入 1 个盒子”
这样取用也方便

餐厅还兼有切割木材、刷漆等 DIY 制作的工作室功能。由于占地方的物品很多，所以要尽可能收纳进容器里，准备 1 个木箱或是塑料的盒子，物品只可放入此容器。不加控制的话，物品就会无限增加，既没办法安心地吃饭，也不好意思请朋友来家中做客。即便没有过多的工具，也可以工作。

工作台设置在餐厅入口的旁边。钉子、金属工具、钢丝等材料放进小抽屉中。

白色的立柜里收纳了涂料和刷油漆用的刷子。

FILE
01

工具放进铝制饭盒，各 1 件

锤子、标尺等偶尔使用的工具，各准备 1 件就够了。挂在桌子的旁边，坐着的时候就可以拿出来，很方便。

钉子和螺丝，固定放入 6 个格子

根据所制作的摆件的种类、尺寸，准备了 6 个种类的钉子、螺丝。只买能放进格子的数量。盒子之间留出空间，方便取用。

料装进 4 个 100 日元的塑料盒子

aiso"的塑料盒子，大尺寸的可以放进 2 桶油漆。根据颜色，装 4 个盒子。刷子放在左侧的罐子里，大、小各 2 支。

玄关

ENTRANCE

“鞋分 3 种，除去雨靴准备 16 双”
这样就能在一年中每天都穿着干净的鞋子出门

由于工作原因，经常要接待客人，鞋子也算是一种工作道具了，所以不能把鞋的数量减少到极限。我根据自己的喜好，只购置了白色、米色、蓝色 3 个色系的鞋。平底皮鞋和运动鞋用于平时休闲的搭配，绑带鞋是为了配合成熟装扮而准备的。搭配的时间、场合区分得很清楚，在忙碌的早晨可以毫不犹豫地进行选择。

主鞋柜的尺寸为 85cmx60cmx40cm。正好可以放进 16 双 24cm 的鞋子。旁边的高立柜中放的是雨靴、雨伞和园艺工具。

“平底皮鞋” 放进黄麻盒中

26cmx19cmx11cm的黄麻盒的尺寸正合适。因为盒子的材质柔软，不会把鞋压变形，这是个令人愉快的优点。

“运动鞋” 放入白色的帆布盒子

因为希望穿出做旧感，所以故意侧倒着放。“NATURAL KITCHEN” 的帆布盒子（29cmx14cmx14cm）的尺寸正合适。在黄蜡纸上贴上黑色的绘画纸，标明鞋子的种类与颜色。

把“外出用鞋”鞋尖朝外摆放，一目了然

上层放的是休闲鞋，下层放的是稍显女人味的鞋子。因为鞋跟或者侧面朝外摆放不易一目了然，所以要把鞋尖朝外。

卫生间 SANITARY

毛巾放在“1 个开放式架子”上，洗涤剂摆放在“小货架的 1 层”
放在使用场所的旁边，用起来才方便

我家的卫生间面积只有 2 畳（译者注：“畳”是日本常用的表示面积的单位，1 畳即一张榻榻米的面积，约为 1.6562㎡，后不再标注），收纳柜在水池下方。我将墙上的手工架子作为毛巾的摆放之处，4 层的小货架摆放洗涤剂、香波等。每处都要注意不要摆放过多，将使用比率控制在 80%。浴缸正对着洗衣机，洗完澡一出来伸手就能拿到毛巾，擦完身体后把毛巾直接放入洗衣机上的洗衣筐中即可。对于这种利用狭小空间优势的独特设计，我自己很得意。

洗涤剂与香波，每样 1 个

小货架上放 3 个小筐，分别放洗涤剂、香波、护发素和浴盐，每样 1 个。左图：以上物品虽然可以都放在一个小筐里，但是取用不便，还会拿错，所以要根据种类分别摆放。

清洁剂主要准备 3 瓶

每天要使用的是浴缸与马桶用的清洁剂、小苏打，共 3 种。安装一个横杆，把容器的喷嘴挂在上面，拿起来就能用。除霉菌的清洁剂偶尔使用，根据种类，分别装进 2 个塑料盒子。右图：给“Seria”的替换装瓶子挂上标签。

浴巾与脸巾，1 周每种准备 4 条

由于洗涤频率为 2—3 天一次，所以毛巾要留出富余量，准备 4 条。焦茶色的钢丝小篮中放 2 条擦手毛巾。

洗涤剂和柔顺剂放在小货架最上层的位置。把市场销售的外包装撕掉，和室内装修风格也很匹配。

A 工作桌的下面，“笔”和“印章”各占 1 个木箱

在木托盘中摆放常用的笔 4 支，自动铅笔 2 支，油性笔 1 支，便笺 1 本，剪子 1 把。

制作标签必不可少的英文字母印章。印台在箱子里细加分类，大的 1 个，小的 2 个。

B 沙发前的茶几下面，“护肤品”和“化妆品”各放 1 个木箱

2 个迷你小篮和 3 个 “Seria” 的咖啡罐，分成 5 个区域。咖啡罐里放粉扑、棉签、睫毛膏。

在 “Seria” 的分格木箱中，收纳粉底、眉笔、眼影、腮红 4 种物品，各 1—2 个。

FILE 01

起居室

LIVING ROOM

用木箱代替托盘，“按照使用场景分类，相同用途的物品归进1个箱子”。
去哪里都能端过去，很方便！

2层的起居室，是就寝前放松的场所。因为经常在这里做纸质手工或护肤，所以相关的物品都集中收纳在这里。这两种用途的物品都很容易不断增加，所以使用木箱来控制数量。重点是将木箱内部再划分。划分好区域后，就不会无限制地往里面乱塞东西，更加容易规划木箱中的物品。

纸质物品都收纳进1个篮子

桌脚处放了一个有大提手的篮子，手工制作时使用的标签等都在里面。把大小相同的物品归纳起来放进去。

A

做手工的场所

这张小桌子是我在娘家生活的时候就非常喜欢用的，我把它的收纳空间整理为2个木箱，用于收纳使用频率很高的文具。

护肤用品占用1个柜子

化妆水、粉扑、棉签等护肤用品，放在沙发旁的柜子里。根据种类分别放进小篮子，篮子外面贴上标签，容易区分。

B

放松和护肤的场所

我经常一边看电视一边护肤，茶几下方摆放每天使用的护肤品、化妆品。

壁橱

CLOSET

因为有工作服，不能一下子减少数量
可以保持“3 种颜色 × 每个样式 5 件”

我的私服与工作直接相关，所以每个季节都会更换，各季的衬衣必不可少。衣服的数量限定在可以挂 25 个衣架的程度。与室内装修一样，基调为白色、米色、蓝色 3 种，按照颜色整理。这样就能够迅速找到想穿的衣服，可以有效缩短穿衣准备的时间。针织衫、裤子、内衣等可以用各种方法收纳，基本原则是在小篮子、盒子中收纳 5 件。只要保持这个数量，衣柜里的衣服就不会多得装不下。

3 平方米左右的嵌入式衣橱，可以满足外出的所有需求

B

裤子 5 条

因为基本每天都是裤装，所以需要 5 条。先对折，然后卷起来，把圆的外部冲上收纳。

A

条纹针织衫 5 件

这是我日常搭配中必不可少的衣服。包括今天身上穿的，准备颜色各异共 5 件，收纳进篮子里。

D

C

外出用品分装在白铁皮盒子里

右侧是口罩，左侧是防静电喷雾，下面是创可贴。这 3 样物品放在一起，出门前就不会慌张。

零碎物品按照季节准备 1—2 种

包根据季节轮流使用，挂 2 种经常使用的。眼镜、手表，常年使用的物品每种准备 2 个。

将围巾、披巾、腰带放进彩色盒子中的篮子里。每类准备 3 种。

实际上有不足

吉留小姐“还需要改善的3点”

吉留小姐说自己“一不注意就买很多餐具和餐布”。把平时用不上的物品都藏在各个角落。

1

流行的时候随手就买了的“琥珀玻璃杯套装”

沉稳的茶色玻璃杯，在以白色为基调的吉留小姐的厨房中很显眼。虽然自己很中意它们，但是如果今年夏天再用不上的话，就打算下决心处理掉。

2

一不注意就囤了很多“餐布”

本来想着就算多买些也没关系，但是最后买得过多，储存量一直增加。脏了就当作抹布用，有5—6条足够了，所以打算减少购买的频率。并且计划以后集中在几家店购买，这样在款式上也能够达到统一。

KITCHEN

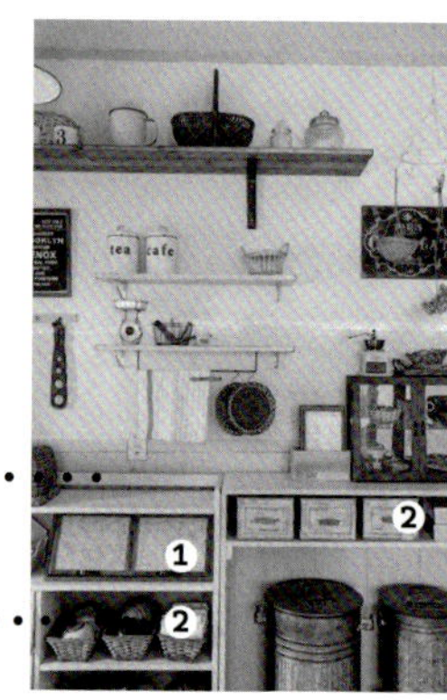

3

没地方装饰的作品、等待翻新的材料

在“Seria”购买的制作摆件的材料，数量一直减不下来，自己做的饰品没地方装饰，摆件也在不断增加中。计划将自己制作的手工作品送给别人，加快“新陈代谢”。

LIVING ROOM

FILE 01

吉留家的发现

喜欢使用对于固定数量的管理很有效果的 100 日元小物品

喜欢“NATURAL KITCHEN”和“Seria”两个牌子。特别是“Seria”，同时在这家店购买制作摆件用的材料，所以每周都会去一次。

替换装容器

“Seria”的喷头瓶

用来盛放视觉上容易显得乱七八糟的洗涤剂。外观简洁、自然干练的设计是它人气高涨的秘密。尺寸为7cmx22cm。

“Seria”的铝盖咖啡罐

虽然没有用于收纳食品，但是用来收纳特别零碎的物品非常有效。质量轻，就算掉在地上也不会摔碎，也是它的优点。尺寸为 9.3cmx9.9cm。

盒子、纸袋

“Seria”的黄麻盒

材质特别轻便好用，非常令人喜爱。很多人将其用于厨房储存食材。尺寸为26cm×19cmx11cm。

“Seria”的手工艺纸袋

非常适合用于分类收纳充满生活气息的日用品。就算数量增加了，看上去也显得很整齐。尺寸为 24cm×16cm，小贴布 6cm。

篮子

“Seria”的钢丝篮

适合集中收纳洗涤剂等瓶子和布质物品。也可以起到简化、收紧室内装修的作用。尺寸为 17cm×26cmx11cm。

“NATURAL KITCHEN”的藤篮

这个尺寸为 22cmx15cmx9cm。就算放在外面也不难看，放在架子里用于分门别类地收纳物品也非常方便。还有 300 日元、500 日元的大尺寸篮子。

39岁 36岁 12岁 9岁 狗

□ 3LDK 的独栋楼房

□ 夫、妻、长子、次子，4 口之家

山本琉实

以调动工作搬家时的痛苦经历为基础总结经验，

必须严格控制必需品的数量，西服、内衣等容易不停增加的物品，“1 人 4 件”最合适。

刚结婚的时候，丈夫的工作需要经常调动，频繁搬家。曾经在搬进面积狭小的住房时，由于家具、行李放不下，于是从1年内没有使用过的物品着手，大量处理掉很多物品。有了这样的经历，再加上母亲曾经教的『餐具容易破碎，应保持家中人数再加1的数量』，我深感控制物品的数量是非常重要的。

现在的家是独栋楼房，收纳也很多，在数量上加以控制，衣服1人4件，餐具是家中人数再加1，毛巾1人2套。朋友们都很惊诧，『这么少啊！』其实每天洗涤，有4件就够1周替换用了，既节省了找东西的时间，收拾起来也很省事，这对我来说非常重要。打扫轻松，还避免了不必要的金钱上的浪费，优点不言而喻。家人也从来没抱怨过衣服不够穿。

电池、口罩等数量不好计算的物品，把它们的数量控制在用售价在100日元以内的收纳容器就能够装下的程度。这样的物品摆在外面不美观，就用古朴的木箱、皮箱收纳起来。放置的场所有变动的时候，要告知家中所有成员。最近没有被问过『那个玩意儿放哪儿了』，感觉压力减少很多。

但是，绿色植物，不论真的还是仿制的，一不注意就会增加，令人苦恼。不过它们令人心情舒畅，选择能养很久的品种，也是很愉快的事情，所以对它们就不深究了。我觉得在这方面也没必要太较真，把事情想得过于严重了。

这个狭小的空间中，收纳了儿子们的内衣、丈夫的装束、打扫卫生的工具。墙面贴上壁纸，洗脸池进行翻新，清洁感顿时提升。

在我家，文具、药、创可贴、隐形眼镜用品等大家都用的物品，集中放在起居室。散放的话容易遗失，所以把它们都放进100日元的收纳箱或者黏土盒中，集中放入立柜。1个容器放1个种类的物品，外面贴上标签，一目了然。容器集中放置，放眼望去清清楚楚，也是一个重点。另外，容易找不到的智能手机充电器、游戏机充电器，都贴上使用者姓名，固定存放在一个100日元的木箱中。起居室的收纳工作，处处都体现出100日元收纳容器的重要性。

起居室
LIVING ROOM

起居室中不可缺少的共用物品

“装在100日元的容器中，每个种类占用1个”

对整理物品很不在行的丈夫貌似用着也很顺手

保证只购买1个盒子存放量的日用品

10.5cmx21.5cmx5cm的黏土盒，用来存放牙刷、剃须刀等小物品，共8种。12.5cmx28cmx10.5cm的收纳箱用来存放地毯除尘器、扫地机器人的零件等大件物品，共6种。

100日元的黏土盒子

单3型电池立着放入高度约为5cm的黏土盒

黏土盒的大小适合单2、单3电池立着放。从上方看着清楚，也容易取放。补充数量时也不会遗漏。

FILE 02

100 日元的木箱摆放在自己做的木箱上，各存放 1 种物品

手工制作的木箱呈阶梯状叠放，右下存放学校的书本，左下收纳了插头。8 个 100 日元的木箱，用来收纳每个人的充电器等。

100 日元的木箱

iPhone 充电器放进尺寸为 8.8cm × 11.5cm × 9cm 的木箱，正合适

丈夫和我的智能手机充电器、孩子们的 2 种游戏机充电器，分别收纳其中。外面贴上使用者名字的首字母，取用时不会拿错。

活用 100 日元的容器，分装常用药品、游戏光盘等物品，取用方便

不进行分类的话，整理起来很麻烦，所以将药品、游戏光盘等放进 100 日元的盒子里，再摆放进皮箱、木箱中。与室内装修风格自然和谐。

游戏光盘放入宽 13cm 的塑料盒内，可以放 8 张

薄薄的 DVD 和游戏光盘容易倒，把它们立着放入塑料盒内，再放进木箱中。孩子们收拾起来也方便，每次用完都整理得很好。

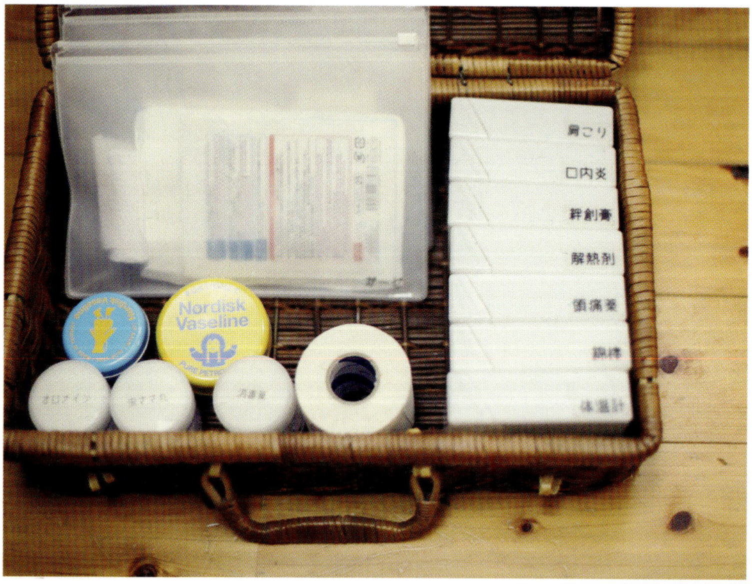

塑料制品不容易损坏，操作简便是优点，盖子一下就可以打开。

烟盒高 7cm，正好放进手提箱中。退烧药、头疼药、消炎药膏、创可贴等，集中收在手提箱中。根据种类，分别装进烟盒中，需要使用时马上可以找到，放回去也方便。

FILE 02

衣橱

CLOSET

“外套、内衣，所有衣服都是 4 套”
换季的时候，明年不穿的衣服都处理掉

最容易增加的就是衣服。各季节的外衣、裤子、袜子、内衣等，种类繁多，管理起来很麻烦。于是我决定每个种类 4 件。丈夫的工作服 4 套。孩子的裤子、T 恤各 4 件。有这个数量，每天清洗足够替换。尤其是孩子的衣服，尺寸马上就不合适了，买新衣服时把旧衣服处理掉。家中不留旧衣服，一直保持固定的数量。干脆地处理旧物，这种事情尝试过一次之后，就会习惯。

爸爸　工作服 4 套，上下成套地挂在一起

丈夫的西服，对应季节有 3 套，便西服配裤子只有 1 套。这样的数量，管理起来很轻松。

外出用装，像服装店的风格一样 4 件叠在一起摆放

薄款的针织衫

左图：针织衫、衬衣，白色的和有花纹的各 4 件。搭配衣服时白色的较多。毛衣、袜子也是各 4 件。我的体形变化不大，所以选择可以穿很久的类型。右图：薄款的针织衫，有花色的 4 件，白色的 4 件。

孩子们的衣服在换季时进行集中更换。旧 T 恤都当抹布使用。

孩子 兄弟二人外出的衣服，集中收纳，一共买4套

右上图：长子在学校、家中穿的当季服装。T恤和裤子各4件，收纳在比较大的篮子里。次子也有一个同样的篮子。为了便于孩子们早上自己取放方便，都立着摆放。左上图：手帕与纸巾各准备2套。右图：去上课或外出时穿的衣服，必须集中收纳，4个种类各2件。使用相同的衣架、相同的悬挂方式，是我的风格。

FILE 02

妈妈

白色连衣裙易脏，准备4条，其他颜色的各1条。

纯棉的连衣裙一般用于参加家长教师联合会、妈妈们的午餐会等。因为一年中都用得到，所以多准备些，7条比较合适。

卫生间

SANITARY

早上非常忙碌，为了能够提高效率
将所有行动轨迹都变得“可视化”
“1 样物品用 1 个透明盒子”

牙膏、牙刷、剃须刀、吹风机等修饰仪容用的物品，站在洗脸池前伸手就能够到才方便。但是有生活气息的物品全部露在外面，看上去会很乱。于是我将卫生间分成了整理仪容、换衣服、打扫卫生、洗涤等几个区域，从毛巾的条数开始，一一确定放在外面的物品数量。放在外面的应该是外形很简洁、每天都要使用的物品。将它们放进整理盒或收纳架。因为需要使用的物品得以集中放置，所以整理仪容时很便捷，丈夫很开心。

A 剃须刀及配件放入尺寸正合适的透明盒子

这是丈夫整理仪容的地方。剃须刀有 2 种，各准备配件 3 种。护肤品装进替换装的瓶子，共 3 个。

B 刷牙套装按照人数放在专用架子上

牙刷 4 支，牙膏只有 1 支，都挂在墙上。不直接放在洗脸池上，这样台面也不容易被弄脏。

C 内衣、袜子装在半透明的盒子里，保持 4 套

儿子们的内衣、袜子，各 4 件，放在抽屉里。把衣物叠成与塑料盒子一样的宽度，就不容易褶皱。

洗脸池上方

集中放置男性小分队早上的用品

各角落的设置，充分考虑了家族成员的身高以及取用的便捷性。比如，A 是离丈夫面部最近的位置。将物品全部收入 DIY 的架子中即可。

洗脸池下方

可以缩短我的清扫时间

洗脸池下方的架子 D、F，放的是抹布、海绵等清洁工具。因为每天使用，所以一定要注意保持最小数量。

D 抹布 3 条，最后一道工序用布保持 8 条

集中收纳全家扫除用的物品。抹布 3 条，海绵 4 个，打扫完成、最后一道工序用布保持 8 条，掸灰用的劳动手套 1 双。

E 小苏打类的物品装入咖啡罐中

我家常用的 2 大清洁剂是小苏打和倍半碳酸苏打。避免受潮，把它们放入小罐子里，再放进有提手的篮子。这样方便搬运到使用场所。

F 三聚氰胺海绵 12 个

这是打扫浴缸用的工具。7 个塑料袋用于装垃圾。三聚氰胺海绵 12 个。每种都保持架子上能摆放得下的数量。

洗涤剂共 4 种，放在外观一样的替换装瓶子里

洗衣液、定型剂、漂白剂、柔顺剂分装进 4 个半透明的替换装瓶子，整齐排列在窗边。看起来很舒服，瓶子里的剩余量也容易看见。

窗 边

洗涤工作一个步骤就能完成

原想放置在上面的架子上，但是我的个子矮，所以最终决定将洗涤剂放在窗边。经常使用的物品从右侧开始排列。

玄关是家的面子。需要时刻保持
洁。所以鞋的数量必须保持在鞋柜
得下的范围内。在我家，给生长期
孩子们每人准备 4 双鞋。丈夫和我
鞋各 10 双。考虑到使用频率和取
的便捷性，这个数量是合适的。孩
们的玩具、园艺用具、保养汽车用
也放在玄关的位置，放在篮子里，
免数量不断增长。清扫起来也方便，
出时用着也顺手。

FILE 02

玄关 ENTRANCE

“大人的鞋 10 双，孩子的鞋每个季节 4 双”

只买简洁的款式

丈夫个子高，在他取用方便的位置收纳 3 种鞋，2 双并排摆放

上层是最容易拿取的位置，是丈夫用的。工作用鞋 4 双，私家鞋 6 双，最上层是雪地靴。我的长靴、雨鞋、雨伞、自行车打气筒等尺寸长的物品一起，放在最下层。

丈夫的鞋 & 靴子类

折叠伞 1 人 1 把

折叠伞按照家中人数共 4 把，放入篮子里。一目了然。

上面 3 层是我用的
下面 4 层是孩子用的
根据种类排列，一目了然

左侧是我和 2 个孩子放鞋的地方，都放在手容易够到的下方。根据使用频率决定每双鞋的位置。我的鞋，根据夏季、春秋季、冬季分层摆放。

FILE 02

实际上有不足

山本女士

“还需要改善”的要点

冲动之下买的绿植

就算规定了物品的数量，对于绿植，还是会意志不坚定，无法简单地减少数量。目前正将它们分开摆放，1 处放 1—2 个，尽量使其看上去不那么乱。

鞋架是嵌入式的，只有百叶窗式的柜门是重新 DIY 制作的。宽度可以并排放 2 双大人的鞋子，共 3 列。

外用物品都放入篮子

球类物品，买 1 个就扔 1 个。收纳在鞋柜旁的架子上，孩子们每次用完都归位。

汽车保养用品也放入篮子里。使用时把篮子整体拿走，很方便。

铁皮桶等园艺用品都放进篮子里，不要堆得凸出来。2 个月整理 1 次。

31岁 31岁 4岁 2岁

□ 3LDK 的租赁公寓

□ 夫、妻、女儿、儿子，4 口之家

樋 口 千 晶

由于工作调动频繁，所以使用箱子和篮子最优先考虑的是可以提起来就走的便捷性，只要坚持**“只装 1 个箱子”**就很简单，最适合马虎的我。

长年以来我都很不擅长收纳、整理。

但是我家由于工作调动频繁，一旦工作地点确定，必须做到可以马上搬家。我也开始考虑应该从可以马上做到、最简单的事情入手。首先，不用的物品都放进纸箱中管理，不拿出来。然后，玩具都装进随时可以提走的篮子、木箱中集中管理，不能散乱地摆放。遵循了这样的原则，连女儿都会说『帮忙收拾家务』，模仿着整理。慢慢地，越来越接近理想状态了。

最近，我开始收集名家制作的器皿，以此为契机，我开始考虑要从数量着手来管理物品。作为尝试，我在手工制作的餐具架上，将陶器 2 件一组地叠放排列，得到了意想不到的效果。之后我的热情高涨，要重新整理厨房，还要将起居室收拾利索。结果收拾出了 6 袋不需要的物品。

从那以后，我每次购物的时候都控制数量，器皿 2 件，勺子、叉子按家中人数购买。一旦数量被限制，购物时就不得不考虑这个物品是否真的有用，是否有地方放，在百元店也不会冲动购物了。连丈夫都说『最近特别利索，非常舒适』，令我干劲十足。尽管觉得玩具再少一点儿就更好了，但是考虑到孩子的成长，要用长远目光来看待。

这个餐具架就是数量管理的开端。上面美观地排列着我特别喜欢的“rutawa.rawajifu”的器皿。

厨房

KITCHEN

适合家家都有的吊柜、嵌入式的抽屉

“物品放入 2 个或者 4 组”

这个吧台是在原有的餐具架外面贴上一圈杉木板翻新的。充满生活气息的物品都集中收纳在这里。

咖啡、黄油面酱，占用2个“NATURAL KITCHEN”的篮子

粉状物品放入4个“Daiso”的塑料盒子

刀叉用具使用4个“Seria”的木箱

左上图右侧的开放式架子上，咖啡套装、黄油面酱、汤料等，各装入1个篮子。忙碌的早晨马上就能拿出汤料，非常方便。左中图的抽屉中，4个密封容器装的是粉状物品。5个纸袋中是干货。左下图中的刀叉用具根据尺寸，分别收纳进4个木箱中，一目了然。

勺子和叉子，选择不会令人厌烦的款式，准备家中4人用的数量。下图中的木勺子是我和丈夫用的。咖喱饭、麻婆豆腐等，根据菜的种类分开使用。

木质勺子是大人用于日餐、中餐的，3种x2把

单色的勺子、叉子是家人用来吃西餐的，每种各4件

A 厨房吧台

每天使用的物品用“篮子”“盒子”“木箱”来分类

吧台的抽屉中，充分使用了纸袋、篮子、密封容器等。除了收纳，它们也起到了分类的作用，很方便。

B 吊柜

适合吊柜的尺寸

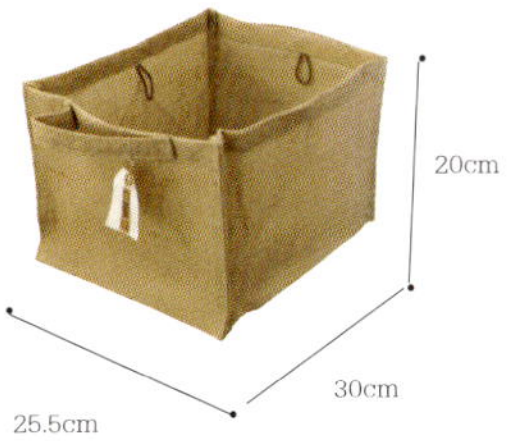

黄麻盒的尺寸可能是为了收纳报纸而设计的，不过它非常适用于吊柜。轻巧便于搬运也是它的优点。

集中购买4个“Seria”的黄麻盒 日用品和点心，各占用2个

2个黄麻盒用来装点心。另外2个用来收纳清扫工具、厨房用纸等。外面贴上标签，这样我不在的时候，丈夫也能知道其中物品的内容。

不会马上使用的物品，用黄麻盒分类收纳

吊柜中，使用4个黄麻盒收纳管理，可以对空间进行最充分的利用。看不到盒子里面的物品，可以不破坏室内装修的氛围。

C 餐具柜

我家的厨房有些年头了，并且都是开放式的。我们把结婚时买的一个餐具架进行了翻新，做成吧台当作一个围屏，特别喜欢的器皿都展示在上面。如果将需要使用的物品都收进看不见的地方，用起来就很不方便，所以要灵活使用篮子、纸袋等自然材质的收纳用品。我特别喜欢的就是“Seria”的黄麻盒。尺寸与标准的吊柜正好匹配，因为还带有提手，所以对于高处的收纳来说简直是宝贝。盒子不透明，看不到里面，打开吊柜的门也不会影响室内装修的风格，而且还能整体搬运，这对于搬家来说极其方便。2 个或者 4 个，以偶数形式进行摆放，看起来很美观。

仔细斟酌后挑选的器皿
2 件叠放排列，成了我的乐趣

尽管名家制作的器皿价格很高，还是尽力收集 2 个。我正在努力学习与这些器皿相配的料理。

高价的“收藏品”，单独 1 个就很有存在感。架子是配合器皿的尺寸制作的，将器皿像展览般摆放在上面。结合器皿的风格，再放一些小篮子，用作一些零碎物品的固定收纳场所。

左图：在“bocagrande”杂货铺买的竹箱中，收纳丈夫喝酒时用的碳酸水。中图：葱头、土豆等，放入透气性好的竹篮。右图：烹饪书、超市的塑料袋，放进“无印良品”的细长篮子。适度的弯曲，感觉正好。

饮用水等
用 1 个 竹箱

根茎类蔬菜
用 1 个 竹篮

烹饪书、塑料袋
各用 1 个“无印良品”的篮子收纳

FILE 03

手工制作的家具，使房间的风格统一，孩子和丈夫都很喜欢。

起居室

LIVING ROOM

电视、电脑

每个都 **“手工制作 1 件专用家具”**

相关物品的数量，保持能收纳进专用家具的程度

我家的起居室，有很多不想让外人看到的物品，比如游戏机、游戏光盘、DVD、电脑、打印机、我的写信用品等。电视桌、电脑桌这样的家具，每样制作 1 件，相关物品全部收纳进去。电视桌的抽屉，是按照可以放置各种机器的尺寸制作的，所以里面不会很乱。打印机放在带轱辘的台子上，需要使用的时候，一拉就出来了。孩子们也能清楚地知道物品的位置，“遥控器是放在这个抽屉里的吧”，他们也会帮忙收拾。

电视桌

最新制作的电视桌里收纳 4 种必需品

先仔细测量现有的 4 种电视相关物品的尺寸，然后进行 DIY。平时注意不要放入其他物品。

A DVD 光盘，占用抽屉的二分之一

桌板下面的抽屉中收纳 DVD 光盘。塞满的话会很重，所以只放抽屉的一半。

C 3 种遥控器

最中间的抽屉，收纳的是电视、DVD、空调的遥控器。可以节省找东西的时间，还能避免遥控器失踪。

B 游戏机 2 台

游戏机只放 2 台，分别是孩子用的和丈夫用的。因为颜色太鲜艳，与房间不搭配，所以用盖板挡住。

D 操控手柄 2 个

丈夫用的游戏机的 2 个手柄，集中收纳在这里。为了使电线不缠绕打结，用带有尼龙搭扣的带子绑起来。

电脑桌

将工作时不可缺少的 3 种物品按照正合适的尺寸集中收纳

左边的手工制作家具，收纳了工作机、电脑、打印机。是不是与室内装修风格很搭配?

E 用 6 个 100 日元的木箱收纳文具

章、防护胶带等 1 个种类使用 1 个木进行收纳。信纸、制作标签的材料也在这个箱子里。

F 笔记本电脑和打印纸放在 1 个篮子里

笔记本电脑与打印纸 1 组，放进篮子，篮子再放进一个前板与底板形成 L 形的部件中。

G 打印机放在带轱辘的台子上

打印机放在带轱辘的台子上。只在使用时拉出来，平时也不显眼。

大个儿的玩具

跃层式床的下面最多放 6 个

电钢琴、室内自行车等体积大的玩具都放在跃层式床的下面。平时不怎么玩儿但又不能扔掉的玩偶，放进大篮子里，收纳在床下最里面。为了方便取放，最多放 6 个。

绘本

将最喜欢的 15 本放在上面展示其他的放在下面，占用五成的空间

选择 15 本经常阅读的绘本，摆在面上装饰书架，不常看的绘本放在下面，占用一半的空间。不要塞得太满，这样才便于整理。

“轨道玩具”

木箱的盖子盖不上了，就需要重新整理

儿子的火车、汽车等玩具，专门放在一个大木箱里。都是比较占地方的玩具，所以当盖子盖不上了，我打算和他商量，扔掉一些。

FILE 03

儿童房
KID'S ROOM

“每个玩具种类配 1 个家具”

用这种宽松的原则来培养孩子们整理的习惯

我家最乱的地方，就是儿童房。刚收拾完马上就乱了，是我最大的苦恼，因此就必须从培养孩子们进行简单的归类整理入手。比如，过家家用的食材，放进1个过家家用的冰箱里的篮子中，火车玩具都放进1个木箱。大个儿的玩具固定放在床下。限定了数量和归纳场所，取放就变得顺利了。放进去、摆好，因为收纳方法简单，所以现在孩子们很善于整理。培养孩子们的习惯很重要。

孩子房间里跃层式床、桌子、绘本架等都是我手工制作的。日渐增加的玩具和绘本是烦恼的根源。

过家家用的物品

放进 1 个钢丝篮，放不下的都扔掉！

过家家用的食材，放在过家家用的玩具冰箱里。规定数量只占用 1 个篮子。目前还没有多得放不下的，如果出现了这种情况，我考虑和女儿商量，把多余的食材扔掉。

“sylvanian-families”

动物 10 个，小物品 10 个，家具 10 个放进有盖子的篮子

女儿特别喜欢的“sylvanian-families”，除了小动物，还有很多精细的零件。将它们都集中放入内侧贴布的篮子里。

玩具放在哪里就在哪里玩儿

为了不拿到起居室也能玩玩具，最开始“sylvanian-families”的房子是在桌上组装的。

我家不知道什么时候就要搬家。所以照片、说明书、熨斗等，都放进纸箱，收纳在壁橱里，处于马上就能搬走的待机状态。这样做，既不会让自己有往里面塞更多东西的念头，也省去了搬家时临时再往纸箱里装物品的时间。除上述物品外，壁橱里还收纳了孩子们的衣服，别人送的衣物总是在增加。外出的服装和家居服，每个季节各准备 7 件，尺寸不合适了就处理掉。这样一来就轻松多了。

壁橱

CLOSET

使用方便的要点，纸箱和篮子！“8 个纸箱和 3 个篮子” 使整理变得高效

A

文具、育儿书使用 5 个大纸箱 迷你家电等使用 3 个小纸箱

壁橱中的收纳，主要使用的是纸箱和篮子。根据收纳的物品大小，准备了 2 种尺寸的纸箱。篮子选择有盖的，都要使用容易搬运的尺寸。

B

每天都要穿的睡衣，使用 2 个大篮子

将洗完澡要穿的 2 组睡衣放进篮子里。右侧的是儿子的，左侧的是女儿的。因为每天都要用，所以放在壁橱下方的固定位置，便于取用。

A B 配合 A、B，将收纳盒翻新为“箱子风格”

壁橱中的收纳容器以木质、自然为基调。于是我把塑料盒的外侧贴上木板，翻新成木质小柜的样子。再加上带 logo 的蜡纸、黑色的提手，看起来像真的一样。

实际上有不足

樋 口 女 士

“还需要改善”的要点

孩子说“不要扔！”的玩具，就那么搁置了

孩子对从小玩的玩具有很深的感情。扔掉太可惜，所以拍好照片，发到跳蚤市场上卖二手货。如果谁能买走好好使用，我们会很开心。

孩子 1 人 1 箱 设置一个“回忆盒”

粉色的纸箱，用于收纳女儿婴儿时期的相册，放在壁橱下方深处。

FILE 03

A 不常用的物品放在上面

B 每天使用的物品放在下面

放在孩子自己能拿到的位置

孩子每人有1个抽屉，用来收纳平时穿的衣服。不仅是自己的衣服，女儿还喜欢把弟弟的衣服也拿出来进行搭配。

衣架上各挂7件外出时穿的衣服

右侧是女儿的衣服，左侧是儿子的衣服。挂着的是1周内替换用的，共7件。不能多于这个数量。下面的篮子里是20片纸尿裤。

40岁 38岁 14岁 狗

☐ 3LDK的独栋楼房

☐ 夫、妻、女儿，3口之家

小 山 田 麻 依 子

自从女儿上中学以来
家中每个人都有自己的生活方式了
重视3人在一起的时光
物品的摆放随处都是“3个在一起”

在住宅区生活过一段时间后，9年前，我们买了一栋二手住宅。房间变得宽敞了，我就很喜欢这里那里都摆些装饰。但是开始工作后，做饭、收拾屋子，突然变得麻烦起来……

饭厅和厨房的面积有10平方米左右，足够3口之家使用。但是总觉得生活起来不方便，这到底是为什么呢？原来，为了增加摆放物品的地方，专门放置了架子，但是这样反而使空间变窄了。要使用的物品没有放在相应的位置，效率变得很低。

于是我就把装饰在架子、墙上的杂物都收拾掉，减少摆在外面的烹饪器具，只留一些必需的物品。餐具也只与家中人数相对应，放『3个』，这样操作起来就方便多了。

起居室的沙发周边，为了让家人能舒适地活动、使用，我设置了几个小区域。特别是女儿，我希望和她进行充分的交流沟通，于是在沙发旁边放了一个书架，专门用来放置女儿学校、补习班用的资料。女儿回到家，把需要我过目的卷子等放进书架，已经成为规矩。这样大家互相确认起来很方便，这个环境，也可以起到缓解压力的作用。

之后我计划重新整理乱糟糟的鞋柜和衣橱。其他的收纳场所如果也都重新规整一下，我觉得生活肯定会更加轻松。尽管是迫不得已才做的，但是我很庆幸能够重新规划物品的数量。

FILE 04

厨房立柜的门涂成白色，地面铺的是白色的地板。物品减少了，取用更加便利。

厨房

KITCHEN

重视家中 3 人在一起的时间

客人来访的情况很少

所以“餐具都准备 3 套”

烹饪中很方便取用

这个餐柜收纳了按照家人数量
备的所有餐具。限定了数量之
居然这样就全部搞定，我很惊

FILE 04

行动路线很清晰，烹饪中可以迅速拿到餐具，真方便。收拾起来也很顺利，厨房可以保持整洁。

餐柜在烹饪台旁边，经常使用的餐具每样 3 件

位置 1 和 2 离烹饪台最近，手最容易够到，主要摆放的是使用频繁的盘子、小碟等。位置 1 的 4 个盘子中，有一个是给经常来我家的我的母亲使用的。

大碗和汤盆一周使用 2—3 次，放在上面 3 的位置。盖饭用碗等不常使用的餐具放在下面 4 的位置。摆放位置固定后，每次都不必费时间寻找。

使用频率 高 ··················> 低

水槽下方

每种用途的烹饪用具准备 1 件就够

手最容易够到的门后的地方，插着尺寸不同的菜刀。水槽下方的里面，收纳不常用的大盘子和水壶。

饭盒与水壶只放 2 个

丈夫与女儿使用的饭盒、水壶，每人 1 组。丈夫每天都会把饭盒带回来，所以准备 1 个完全没问题。

灶台下收纳平时常用的锅。大小锅、炸食物用的锅、平底锅、煎蛋器、电炉，全部收纳在里面。

吊柜

储存的食材、工具等尽量减少数量，最多占用 8 成空间

从起居室看过来，露在外面的位置，统一摆放白色的珐琅器皿。2口锅，4个容器。

存储的调料占用 3 个篮子

右侧是做菜用的。中间是蒸米饭用的。左侧是罐头等食材。装得太多篮子会很沉，所以要注意只放一半的量。

制作糕点的工具用 1 个箱子

我偶尔会想制作糕点，为了避免找不到工具，就把它们集中收纳进一个箱子。因为箱子有盖，拿下来也很方便。

下面的木箱中放的是一家 3 口用的瓷碗、木碗。吃饭的时候就把箱子整个拿到桌上。

起居室

LIVING ROOM

起居室首先要考虑的是家人的放松、舒适感，尽量不要放太多的物品。但是孩子的学习资料、杂志等，在起居室会用到，所以需要设置摆放空间。我家的起居室中每个区域的空间里，最多放置 2 种物品。沙发旁边，设置了摆放女儿的纸质学习资料、我的杂志和丈夫的 CD 的空间，每个人都能有效利用在起居室的时间，大家都很满意。除此之外，游戏机放在电视机的旁边，药品收纳在厨房旁边的柜子里，将物品收纳在需要使用的场所旁边，方便家人记忆。“那个放哪儿了”的问题越来越少。

“在 1 个场所使用的物品”要集中收纳

将 3 人要使用的物品放在需要使用的位置

爸爸 正在阅读的书和 CD

丈夫的物品是 4 张 CD 和 2 本杂志。他喜欢看的杂志的封面和家中装修风格不搭配，于是用没有花纹的纸包上了书皮。

女儿 纸质学习资料

女儿的纸质学习资料，按照学校、社团活动、补习班进行分类。女儿回家之后就把它们放进去，晚上我过目之后再放回原处，不会遗漏。

FILE 04

书架和隔断、书本收纳盒，都是我自己手工制作的。既节省空间又方便使用，我非常喜欢。

共用物品占用 1 个家具收纳

药品集中放在起居室与厨房之间的柜子里。这是走动时经常路过的位置，取用方便。

5 种体积小的常备药品放在篮子里

止疼药、感冒药等常用药品，放入 100 日元的塑料盒里，再集中收纳进篮子里。体温计、指甲刀，立着放在瓶子里，方便取用。

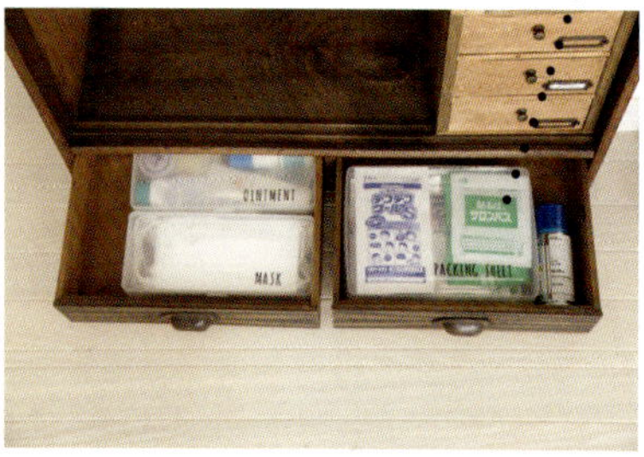

3 种药膏等放在抽屉里

口罩、药膏、膏药，根据种类放在 100 日元的塑料盒里，放进抽屉。半透明的容器可以看见里面的物品，找起来方便，受到家人好评。

FILE 04

妈妈

喜欢的书和摆设

如果摆放的杂志超过 5 本，就会显得很乱，所以只放 4 本。选一些体积小、款式简单的小摆设进行装饰。

工作室

ATELIER

集中收纳我喜欢的物品的角落

“用4个小家具分类收纳”

数量要控制在小家具能放下的程度

我非常喜欢手工制作摆件和DIY。所以工作室里除了木材，还有各种手工用品。如果不整理，使用起来也不方便，我将这些用品分成了4大类。比如针线、碎布、蕾丝分别放进小抽屉。小螺丝钉、金属工具分类放入罐子，再装进桌子的抽屉。这样分类之后，需要用的物品马上就可以拿出来，制作工作也会进展顺利，还会提升制作速度。对于只有固定时间可以进行手工制作的我来说，这是一个很大的优点。尽管这是我自己的小天地，但是家人也能看到，所以需要收拾整洁。

手工制作的全部工作都在这个空间里完

我的工作室在起居室旁边，是由日式房间改造的一角。小桌子和小抽屉，是我自己做的

A

手工的零碎材料用 5 个抽屉收纳

针线盒中的针线容易变得乱七八糟，我用小抽屉代替针线盒。别针、尺子、棉线等经常使用的物品放在上面的大抽屉里，缝纫机用线、扣子等 4 种材料，分类放在小抽屉中。这样桌面上可以一直保持整洁。

B

工具和文具占用
2 个空罐子

笔、小刀等文具以及制作饰品用的钳子等，这种长的物品立起来收纳在空罐子里。按种类收纳，用起来方便。

C

螺丝钉、金属工具放在工作台的 1 个抽屉里

订书钉、螺丝钉等小物品，分类放进 100 日元的白铁皮盒子里。打开抽屉的时候，里面的物品一目了然。

FILE
04

D

纸、碎布使用 5 个小抽屉

右图：花边纸、纸袋、碎布等很薄的物品，放入手工制作的托盘型抽屉中。左上图：从上往下依次按照重量放入物品，最下层放重量较沉的碎布。碎布全部收纳在这个空间里。

迷你腊肠犬 Coco 作为家中的重要一员，绝对不能被忘记。它可以在家中自由穿行，所以狗粮、宠物厕所是必需的。Coco 用品的收纳区域被设置在从起居室可以看到、离我的工作室很近的一角。不过有些物品不希望被外人看到。比如厕所用品、修剪狗毛的用品等。所以要用篮子收纳起来。Coco 很重要，家人与客人的舒适感也很重要。难题是 Coco 的这个区域离有水管的厨房有些远，但是 Coco 好像很喜欢这里。我希望尽量保持这里的整洁，令 Coco 生活得舒适。

宠物区
PET CORNER

作为家族的重要成员

“为了爱犬设置 1 个宠物区”

相关用品集中放置

扔厕所塑料布的垃圾桶

这个木箱是为了遮挡扔厕所塑料布的垃圾桶。大家看见垃圾桶会感到不舒服，要注意保持清洁。

餐具

考虑到方便 Coco 使用，饭盆和水盆放在比地板高一些的位置。

A 散步 & 清理工具

篮子里集中存放擦身体用的布等。手伸进去就能够到，方便拿取。白铁皮罐里放的是外出散步用的衣服。为了配合室内装修风格，颜色太过鲜艳的物品都要收起来。

B 玩具

玩具被 Coco 一咬，就会变得破破烂烂，所以不能给它很多。

集中在视线最容易到达的工作室旁的一角

Coco 的专用区域离起居室和我的工作室都很近，这样它使用过厕所后，就可以很快进行打扫。

FILE 04

小山田女士的经验

适合数量管理用的 100 日元物品

"Seria"的铁丝篮

"Seria"的带盖子的盒子

"Seria"的 PET 罐子

铁丝篮适合收纳体积大的物品，带铝盖的铁皮罐适合装小的手工、DIY 零件。有盖子的盒子用来装不想被外人看到的物品。

"Daiso"的篮子

"Seria"的整理托盘

这是厨房用来收纳刀叉餐具和吸管的收纳容器。因为形状明确，也适合在抽屉中用来分类收纳，整个拿到餐桌上也很体面。2 个为一组使用，简直太方便了。

实际上有不足

小 山 田 女 士

"还需要改善"的要点

为了翻新，无意中顺手买了 100 日元的物品，想着可以当作手工制作的素材。但是最后根本没用，都变成了压箱底的物品。购物时，考虑清楚是否真的有用，非常重要。

从饭厅看过来是这样的。幸亏有篮子、木箱，从远处看，看不出来这是宠物狗专用的区域吧？

A 清理用品 6 种，衣服 4 件

厕所用品、衣服、除臭喷剂等，只存放收纳容器能放得下的数量。1 年整理 1 次。

B 玩具 5 个，毛毯 2 条

毛毯与玩具，买一个新的，就扔掉一个旧的。Coco 这个年龄，给它 5 个玩具就够了。

39岁 40岁 12岁 8岁

□ 3LDK 的独栋楼房

□ 夫、妻、女儿、儿子，4 口之家

中 川 由 纪 子

制作点心、收集咖啡用品

兴趣爱好多，物品增加也快

“篮子、盒子、家具分别作为一个整体”

进行整理时选择符合装修风格的物品，整理起来也很快乐

以前在我家中，收纳的中心是起居室的壁橱。市场上销售的大柜子里，从日用品、玩具，到工具、相册，所有的东西都集中塞在一个地方。后来，由于房间太狭窄，就把壁橱的位置改造成了放沙发的区域。以此为契机，我重新审视收纳方法，将物品分门别类进行整理。

经过尝试后发现，『将一个家具看作一个整体』，可以很好地掌握物品的数量。日用品放在『无印良品』的抽屉中，文具装进小抽屉，家人的私人物品使用专用的箱子。这样物品的数量得到限制，只放能装得进去的量，管理起来一目了然。如果某个容器的物品溢出来了，就说明东西过量了。我在家中实践这个方法，家人也都自然而然地开始主动对物品的收纳情况进行确认了。

现在苦恼的根源在厨房。我喜欢制作点心和咖啡店风格的装修，所以一不注意就买很多相关用品、器具。不过我使用和起居室一样的收纳原则，逐渐开始对数量进行控制了。比如，器皿只能收纳在餐柜和玻璃盒子里。制作点心的工具只能放在篮子里。清扫工具、毛巾只能装在可爱的瓶子、篮子里……

以前的我经常冲动消费买很多东西，现在变得爱惜现有的物品。感觉自己终于向内心丰富的生活方式迈出了第一步。

FILE 05

这是一栋极其普通的住宅，为了使家中更时尚、舒适，我们不断地进行着改造。柜子尽可能改造成开放式的，不让物品过多增加。

厨房

KITCHEN

我非常喜欢制作点心招待客人
相关用品使用玻璃盒子和
2个“无印良品”的篮子

从很早开始我就喜欢制作点心和烹饪，招待朋友来喝咖啡是我的一大乐趣。以前，古董秤、漂亮的锅，我都仅仅用来装饰。现在开始考虑收纳、数量的问题后，所有物品都尽可能简单，除了经常使用的物品外，其他的都处理掉。即使这样，咖啡用品和制作点心的工具还是很容易增加。对于这种情况，就要指定柜子、篮子等容器，规定“只能放在这个里面”，不能超过这个容积。我觉得学会管理物品的数量是一个非常大的进步。

制作点心的工具使用2个“无印良品”的篮子收纳

“Vitantonio”华夫饼厂家的金属模板种类很多。全部都想买，但是忍住了，这里只放了6个。

水果馅饼模具、戚风蛋糕模具、磅蛋糕模具、多纳圈模具，制作点心用的模具全部放在这个篮子里。

FILE 05

家中4人使用的餐具和制作点心的工具，都放在这个手工制作的餐柜里，这是我自己定的规矩。

器皿与小物品保持 1 个玻璃盒子的数量

托盘根据用途分类各准备 4 个

右下方名家制作的马克杯、小器皿，在无论如何都想买的情况下，一定要严格挑选再购买。买 1 个新的就处理 1 个旧的。水槽上方柜子里的咖啡用具不注意就会增多，此区域是今后需要重点解决的课题，至少要做到物品不要溢出来。最上方的托盘，吃饭用的 4 个，喝茶用的 4 个。小盆限定 2 个。

杯子、刀叉餐具、托盘，收纳在水槽上方的咖啡物品区域。特别喜欢的器皿放在玻璃盒里。

招待客人的餐具套装，收纳在 2 个地方

FILE 05

水槽下方 3 种清扫工具都放入可爱的容器中

将水槽下面的门拆掉，这样取东西更方便。清洁工具、毛巾、擦盘子的布，排列整齐。下图左：擦手毛巾每天最少要替换 4 次，包括清洗替换用的部分，一共准备 10 条。放在购物篮里看着比较舒服。下图中：洗涤剂收纳在珐琅罐里，根据用途，每种 1 个，盖上盖子很整洁。下图右：三聚氰胺海绵放进透明的瓶子里，这样看一眼就能知道还剩下多少块，当剩余量不足 1/3 时就需要补充了。

三聚氰胺海绵

洗涤剂

擦手毛巾

平时使用的器皿，12 个种类，每种各 4 件

每天使用的餐具，根据家中人数各准备 4 件是基本原则。饭碗、汤碗、盘子，只要没有破损，就不买新的。

起居室

LIVING ROOM

拆掉壁橱，在沙发与书桌旁边各自设置“1 样收纳家具”

平时家人使用频率很高的起居室，面积只有约 10 平方米。尽可能想让空间显得宽敞些，于是我将 2 件小家具用来集中收纳必需的小物品。平时我用来写东西、孩子用来写作业的桌子旁边，放 1 个小抽屉柜，只用来收纳文具、纸张。沙发所在的位置，曾经是壁橱，在那里将 9 个“无印良品”的抽屉进行组合，用来收纳零碎的日用品。上面盖上一个“コ”字形的木板。孩子的玩具、丈夫的杂志等容易散乱地放在起居室的私人物品，都收纳在沙发下方手工制作的带轮子的抽屉里，1 个抽屉可以放 2 人份的物品。经过这样设计，空间可以一直保持开阔的感觉。

在写作业的区域设置小抽屉
铅笔占用 1 层
各种形状的文具占用 1 层

1. 起居室的一角，是用来写东西的区域，我记账、孩子画画和写作业都在这里。经常使用的文具、纸张分别收纳进 1 个小抽屉。2. 孩子使用的铅笔、学校使用的物品，都集中在 1 层抽屉中。3. 胶棒、订书机、裁纸刀等经常使用的文具，每种 1 件，占用 1 层抽屉。

2

3

1

曾经放在壁橱里的事务用品、日用杂货，分装在9个“无印良品”的盒子里

4. 在沙发下面，制作了用于放家人各自私人物品的抽屉。东西放得太多抽屉会拉不出来，所以需要各人定期整理。家人的日用品放在沙发旁边。5. 1个抽屉放2个人的物品。前面的是儿子的玩具和文具，后面的是我的钱包等。6. 前面的是女儿的钱包和玩具，后面的是丈夫的书和小物件。7. 各层抽屉分别放置指甲刀、挖耳勺、控制器、挂号证、药、胶带、电池等，根据用途分类。

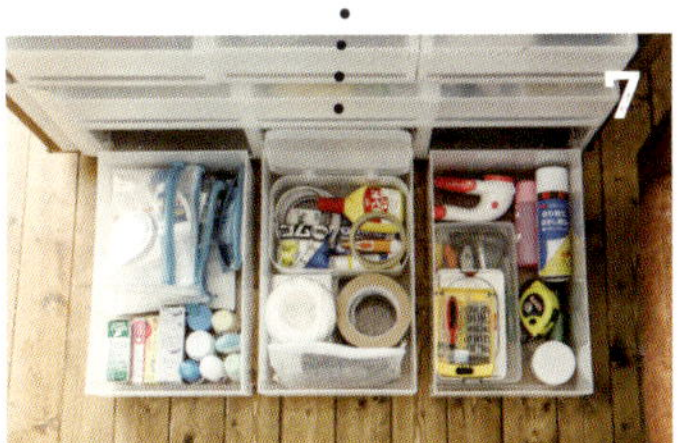

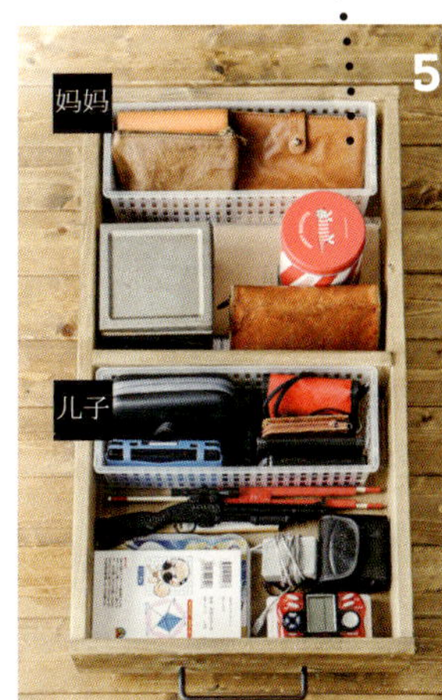

儿童房

KID'S ROOM

孩子们自己的物品自己管理
“每个种类使用 1 个盒子”
注意这一点，就可以保持整洁

孩子们的房间在 3 层，儿子、女儿各 10 平方米左右的面积。基本上他们的物品交给他们自己管理。偶尔物品也会很散乱，但只要大人提醒，他们就会整理干净。秘诀就是“书只能放在书架上”“上衣只能挂在衣架上”，将这样简单的规定彻底执行起来。在此基础上向他们传达，诸如“化石只能放在这里哦”之类关于数量的简单规则。如果说得太难理解，孩子们就无法继续执行了。关于书籍的整理，其实是我从孩提时代开始实践并很中意的方法。不要堆积，要勤快地主动整理，这样心情才会愉快，这个方法一直持续到现在。

不经意就会增加的 4 种物品
集中收纳在 1 个盒子里，规定数量，
一旦增加就要整理

儿子的房间，这个空间既是放玩具的地方，也是他和朋友玩耍的区域。容易散乱的物品集中放入 3 个小家具中，禁止溢出来。

收藏品使用 1 个
工具箱收纳

右上图：儿子因特别喜欢而收集的化石，放在分格的工具箱内，和他约定只能放在这里面。他偶尔会把化石拿出来擦一擦、看一看，自己很用心地在管理。右下图：丈夫制作的架子，下面放书，上面放玩具。书的上限是 40 本。

顺手收集的球、人物模型等，只能放在这个瓶子里。

球占用 1 个瓶子

绘本占用书架
1/2 的空间

女儿房间的一角，放了一个柜子用来收纳书籍和画。每个种类限定使用 1 个文件夹，多出来的要进行严格筛选。

画

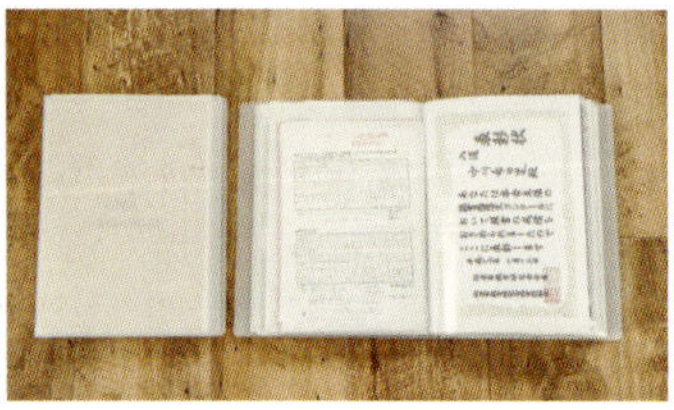

奖状

试卷

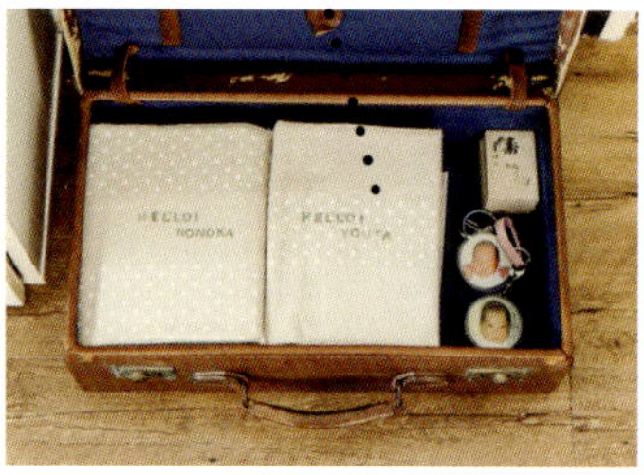

育儿日记

照片

越来越多的文件，1 年 1 册归类整理

上图：从婴儿时期画的画到幼儿园时期画的画，1 人 1 个文件夹。经过家人讨论，认为这个很重要，不可取代。中图：奖状、通知书等按照时间顺序，1 人 1 个文件夹。下图：练习卷子的文件夹，只用来放复习参考资料。按照单元内容，重复的资料都处理掉。1 人 1 个文件夹，大概可以收纳 1—6 年级的量。

充满回忆的相册，1 年 1 本

右上图：从结婚到现在的照片，打印成小尺寸，收入相册，1 年 1 本。左上图：从怀孕开始到幼儿园毕业，每天都不能少的 2 个孩子的育儿日记，与脐带一起收藏在箱子里。

FILE 05

女儿房间壁橱的门拆掉了，改成店铺风格。2 个孩子的衣服都放在这里，上层是相册。

衣服是有流行趋势的，所以并不要求有固定款式。每个季节确认有损坏和不穿的衣服，如果买了想要的衣服，就要相应处理掉相同数量的旧衣服。衣橱里比较费功夫的地方，是衣架要挂在一起，并且距离相同的间隔。这样既可以让人看着心情舒畅，还能保证只买衣架能挂得下的数量的衣服，"处理掉"和"留下的"的标准，自己心里有数。在我家，鞋子属于"消耗品"。运动鞋、凉拖一旦有损坏，就马上买价格便宜、合适的来替换，这样可以经常保持穿新鞋的心情。

CLOSET &ENTRANCE 衣橱 & 玄关

上衣数量控制在"衣架间隔 5cm"并排能挂得下
鞋的数量控制在"大人和女儿各 5 双，儿子 2 双"

我的壁橱里有上衣衣架 12 个
女儿的衣橱里有衣架 21 个

上图：春夏季的衣服，上装 2 件，连衣裙 3 条，衬衣 4 件，针织衫 3 件。如果衣架的数量足够，可以随时变换衣服的种类。下图：处于成长时期，女儿的衣服在不断增加，现在上下装总共使用 21 个衣架。我打算等女儿开始抱怨的时候，再和她商量这个事情。

我的衣橱在1层的房间中，无论是不是应季的，所有衣服都收纳在这里，可以避免冲动消费。

因为只穿一季，所以不买贵的鞋

凉拖、孩子们的运动鞋，都是只穿一季。所以比起买很贵的鞋，还不如经常换价格便宜些的新鞋。

处于成长时期的女儿的鞋子不停增加……每个季节都要整理

女儿成为中学生后，开始讲究时尚。我很理解她的心情，所以也不是很勉强她，但是必须随时整理。

按照季节变换，买 1 双，扔 1 双

家庭成员的所有鞋子都放在这个鞋柜里。儿子只有 8 岁，加上清洗替换的，一共 2 双鞋。其他家庭成员的鞋子，数量限定为最多 5 双。

中川女士发现的适用于数量管理的物品

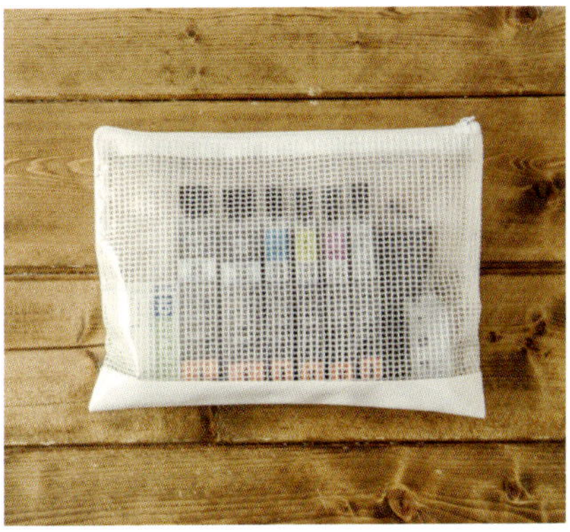

100 日元的塑料袋子

哪个百元店都有卖，简单实用。适用于分类收纳药品等零碎物品。

“无印良品”的聚丙烯盒子

左图:“无印良品”的聚丙烯盒子，尺寸正好能放进 6 瓶 2 升的饮用水，还很方便叠放，我很喜欢。右图：家中常备饮用水，6 瓶 x6 个盒子。补充时按照保质期的顺序进行替换。

实际上有不足

中 川 女 士

“还需要改善”的要点

一不注意就收藏很多木质叉勺餐具

我对咖啡用品没有抵抗力。一旦看到小巧的叉勺餐具，觉得“好可爱”，顺手就买了。现在将它们都收纳在一个铝制杯子中，今后要注意不能超过这个数量。

41岁 40岁 14岁 11岁

☐ 3LDK 的独栋楼房

☐ 夫、妻、长女、次女，4 口之家

津田麻美

我家曾经塞满东西
将所有物品都拿出来做了一次大清点
以此为契机，感受到了“容易整理、方便拿取”的快感！
从那以后，“每年对收纳情况做 2 次清点”必不可少

在孩子们还小的时候，我经常看着到处是玩具的房间叹气。这反而变成了免罪符，每次我都会在心里悄悄给自己找理由，『孩子们不收拾，我也没办法』。

最小的孩子上小学后，孩子们需要有自己的房间，借此机会，决定将家中所有物品做一次大清点。将所有收纳空间中塞着的物品全拿出来，根据平时观察的自己和家人的日常行动，确认哪些需要、哪些不需要，这是个特别辛苦的工作。要点不是『还能不能用』，而是这个物品『我实际上会不会用到，用起来心情会不会有所改善』，这是非常重要的标准。比如，旧衣服，穿上反而让人心情低落。大清点的结果，是家中减少了一半物品，找东西也方便了，所有事情都进行得顺利起来！早知道能生活得如此舒适，我真后悔没有早点进行这项工作。

如今，每年在物品容易增加的年底和3月份，都要对家里的东西进行清点，已经是我家的惯例。虽说要把所有东西拿出来确认，但是工作量比以前少了很多，也不需要花太多时间。每次都对『这次能利索多少』充满期待，心情激动。

在有必需品的基础上，物品越少，生活质量越高，明白了这个道理以后，再也不想回到从前的生活状态。现在的我，不再被物品牵着鼻子走，心情很悠闲，每天都过得非常愉快。

FILE 06

自己在厨房里安装了壁板，制作成柜子。每天使用的“野田珐琅”保存容器，每种2个，开放式地并排摆放在柜子上。

大瓶子(直径11cm×高11cm)装砂糖、盐，小瓶子(直径7.5cm×高8.5cm)装鱼粉、汤料。

厨房 KITCHEN

烹饪工具“每种最多2个”
餐具、叉勺“每种4套”
颜色限定为“银、黑、白3种”

使用工具

1 工具

2 液体调料、油

3 调味料

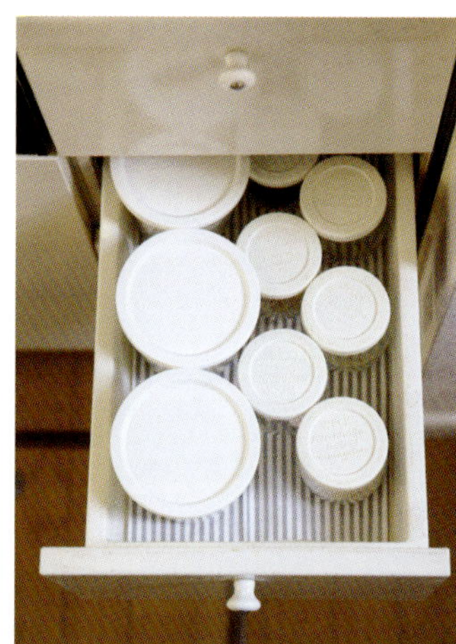

餐具&叉勺

4 银色叉勺

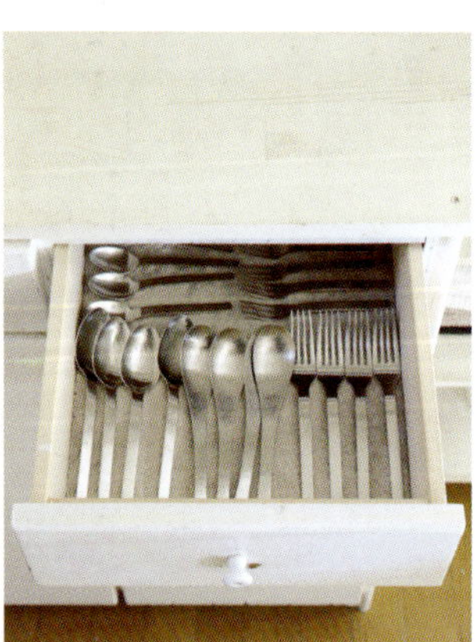

5 黑色叉勺

6 平时常用餐具

扫除工具分类收纳，1 种用途 1 个盒子

厨房是我家物品最多的地方。也可以说是让我物欲最旺盛的地方。比如“Le Creuset”的锅、“野田珐琅”的容器。我不仅特别喜欢，而且经常使用，数量无法只限定 1 个。所以最小单位设为 2 个，每种 2 个，摆放在开放式的餐柜上。这样视觉上很清爽，取用也方便。其他的工具每种 1 件，餐具、叉勺按家中人数准备 4 人份的就够了。颜色统一用单一色调，这样即使数量多也不会显得乱，这个原则适用于厨房全部空间。

右上图：水槽下方的扫除套装。右侧是平时使用的洗涤剂，中间是强效洗涤剂，左侧是抹布，放在书籍收纳盒里。左上图：垃圾分类，准备 4 个垃圾箱。这是“无印良品”的箱子。下图：每天使用的擦手布（上）和擦台面的布（下）。擦台面的布每天替换，包括今天要用的，总共准备 10 条。脏了就当作抹布使用。

喜欢的餐具像摆件一样排列 2 个一组很美观

款式简洁的器皿，如果只摆放 1 个，很难有画面感，建议 2 个一组等间隔排列，3 个一组就会显得杂乱。

1 **分成 10 格，收纳类型近似的工具，每种占用 1 格**

6 个“无印良品”的聚丙烯盒子，4 个 100 日元的玻璃容器，按照类别收纳量勺等烹饪工具。

2 **撕掉标签，每种 1 个**

酱油、色拉油等即使打折销售也不会多买。撕掉标签，既可以显得干净利索，也便于垃圾分类。

3 **10 个“Weck”的密封小罐子**

每天使用的物品放在大罐子里，偶尔使用的放在小罐子里。只要盖子齐整，就可以长期使用。

4 **银色的餐勺和餐叉各 2—3 种**

使用白色餐具的时候，配银色的叉勺。前面的勺子从左至右为咖喱饭用勺、汤勺，后面的是甜点用勺。

5 **黑色的餐勺、餐叉、筷子准备 4 人份**

照片上没有拍全，黑色的餐具固定搭配黑色的叉勺。吃日式料理和中餐时经常使用。

6 **经常使用的餐具放在柜子前面，9 种各 4 件**

餐柜分为 5 层，晚饭时使用的 9 种餐具放在最容易拿取的中间 3 层。不方便 4 个叠放的，就 2 个一组。

起居室

LIVING ROOM

对我家的整理收纳做出巨大贡献的是“无印良品”和“Nitori”两个牌子的商品。特别是“无印良品”的商品，款式简洁大方，尺寸多样，便于划分空间区域进行物品的数量管理。放在起居室的基本都是零碎物品，我的原则是将它们的数量控制在整理托盘能放下的范围。玄关就在起居室旁边，家人出行的必需品都集中收纳在起居室的壁橱里，这就用到了“Nitori”的收纳篮。正好可以并排放3个，避免了空间的浪费。

10个“无印良品”的“整理托盘”
15个“Nitori”的篮子
看着舒服，用着便捷

文具、药品等家人常用的物品，分别放入电视柜下面的4个抽屉里。

缝纫工具占用2个“无印良品”的托盘
DVD占用5个“无印良品”的文件夹
一旦放不下了就要重新整理

文具用4个盒子
清洁工具用2个盒子
正好可以分类收纳

前面的5个文件夹收纳的是参加各种活动时拍摄的DVD。电影DVD和CD最多收纳15张。

扣子等偶尔会用到的缝纫工具收纳在这里。前面的是手工制作的收纳容器，用来放针插。

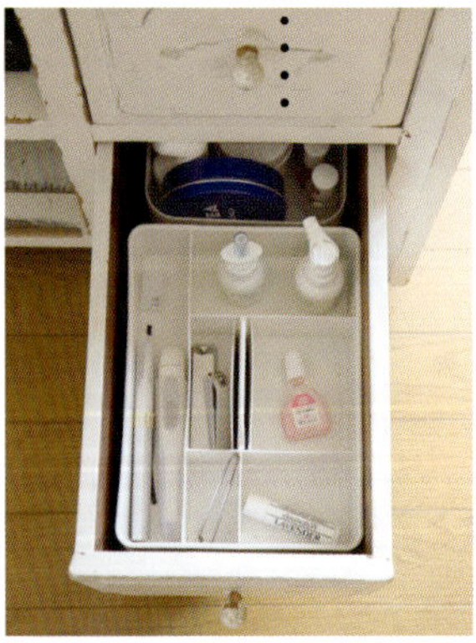

内部分成6个大小不同格子的“Daiso”收纳盒，2个叠放在一起，指甲刀、体温计、眼药水等各收纳2个。

高15cm的抽屉正好可以放进“无印良品”的整理托盘，根据形状和尺寸分类收纳文具。

每个人使用3个"Nitori"的箱子，书籍收纳在5个"无印良品"的图书收纳盒中。

家中4人每人有3个箱子用来收纳私人物品，各自管理自己的箱子。上面的架子放的是家电的使用说明等5种物品。每年年底和3月末整理一次，届时将内容物列出清单。

旁边的黑板上写着里面放了什么

收纳袋套装按照用途使用5个

这是PTA（教师家长联合会）开会时用的。装的是补妆用品、笔记用具等必需品。

信件集中放在一个塑料盒子里

为了不使最宝贵的信件遗失，丈夫将它们集中放在一个盒子里，令人欣慰。

每个人箱子中的物品

外出必需品

去近处购物、与其他家长聚会时的用品。按照用途，分别装在收纳袋套装里。

外出必需品

东西较多，所以给了她一个"无印良品"的整理托盘。中间分割一下，用起来马上就简单多了。

外出必需品

钱包、纸巾、发带等。根据自己的意愿，立着或者倒放，为了方便取用，她也下了一番功夫。

女儿送的礼物

家中物品最少的是丈夫，他的箱子里放的是女儿给他的信件和冲浪用品。

共同约束事项：

1. 颜色从深到浅排列：

按照从左至右、由深到浅的色调排列。哪件衣服在哪个位置，一目了然，早上穿衣服的时候很方便。

2. 衬衣在左，裤子在右：

这也是出于提高效率而考虑的。按照衣长，从左到右由长至短排列，这样既不会找不到衣服，也不会出现同一件衣服连续穿的情况。

3. 裤子叠 2 折：

裤子叠成小块，容易出褶皱，还会因为太厚而不易收纳。要点是将它们平整地挂起来。

身为曾经的服装店店员的丈夫传授给我的叠针织衫的方法

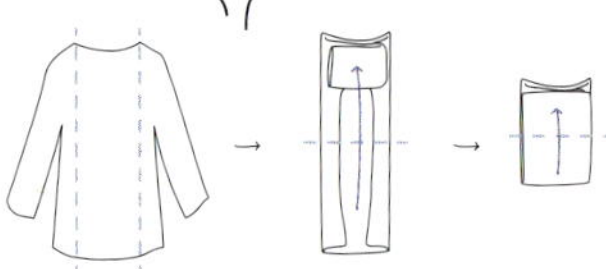

丈夫曾经在服装店打工，我一直使用他教的叠衣服的方法。这样形状统一，容易放进抽屉里。①衣服背面朝上，左右从1/3 的位置向中间折起。②袖子垂直于衣身向中间折，然后再折成衣服 1 半的宽度。③再将衣身 2 等份对折。

衣服或衣架增加了——

比如白衬衣，对现有衬衣的消耗程度进行评估，决定要扔掉旧的了，再购买新的。随购买衣服而增加的衣架或洗衣店的衣架，只要不使用，就立即扔掉。

针织衫厚的 4 件，薄的 6 件

分别使用 6 个 “Nitori” 的衣物盒，收纳针织衫、T 恤、内衣。冬季的针织衫 4 件，春秋季的 6 件，按照颜色从深至浅的顺序。

FILE 06

壁橱 CLOSET

其实这种规格、样式的衣橱，可能放1位女性的所有行头比较合适。但是我不太在意流行趋势，喜欢长期穿着款式简洁、材质舒适的衣服，衣物增加得并不多，所以使用25个衣架正合适。和丈夫共用一个衣橱，洗衣服的时候还可以一起进行，很省事。新买1件衣服，就要扔掉1件不太喜欢的旧衣服。具体来讲就是褪色的、起皱的、穿起来心情不那么好的。处理掉之后心情反而会愉快。

夫妻二人各使用一半的空间 "宽度可以挂50个衣架" 只买这么多的衬衣和裤子

自己的提包分装3个盒子

用5个"IKEA"的收纳盒，分装提包和小物品。由于特别喜欢而容易不断增加的提篮包只能使用1个盒子。其他的盒子分别收纳帆布大提包、外出用提包。

充满回忆的相册，1年1本

结婚17年。收录了夫妻旅行、与孩子们共同的回忆等，1年1本。对喜欢的照片严加挑选，1本足够了。使用相同款式的相册，就算摆放17年的，看着也很整齐。

玄关

ENTRANCE

我们全家，以丈夫为首，都特别喜欢大海。所以沙滩鞋很多，算上它们，大人各8双鞋，孩子各5双鞋。其实这里是我家特别狭窄的玄关，一打开门，丈夫的冲浪板就戳在那里。为了早上出门前，不要因为一个人磨蹭导致全家抓狂，我把鞋子按照1层2双的方式进行收纳，再利用橡胶带把沙滩鞋挂起来，用着也方便。看见家人每天笑着出门，我也松口气，安心了。

包括沙滩鞋

“大人8双，孩子5双”

不要忘了在方便取用上下功夫

1人2层，使用100日元的

架子可以增加空间

丈夫喜欢冲浪，所以沙滩鞋一年四季必不可少。他的鞋比我的还多，所以我在鞋柜里使用了100日元的架子。

1人1列，尽量选择撞色的鞋

孩子的鞋，拖鞋1双，运动鞋3双。

纵向分割鞋柜，每列同种类的鞋子选择不同的颜色，看起来一目了然。

获得好评的方便取用的收纳物品

右图：从左开始，分别是孩子的折叠伞、保养车的用品、园艺工具，分装在“无印良品”的书盒里。左图：在鞋柜的门上用螺丝固定橡胶带，把沙滩鞋挂起来。真是个好主意！

津田女士家发现的收纳物品

适合数量管理的物品

对津田女士家常见的"无印良品"和"Daiso"的收纳容器进行详细介绍。

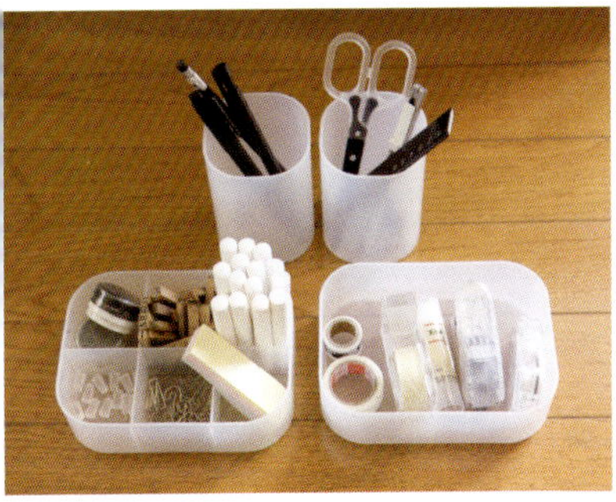

"无印良品"
聚丙烯托盘系列

方便用来分割收纳空间。脏了可以直接用水冲洗，适合收纳卫生间的小物品、化妆用品、金属工具和钉子等。

"Daiso"的分格盒子

内部分得很细，重点是还有提手。适合收纳厨房的零碎物品、文具。第110页提到泷本女士喜欢用它来装护肤品。

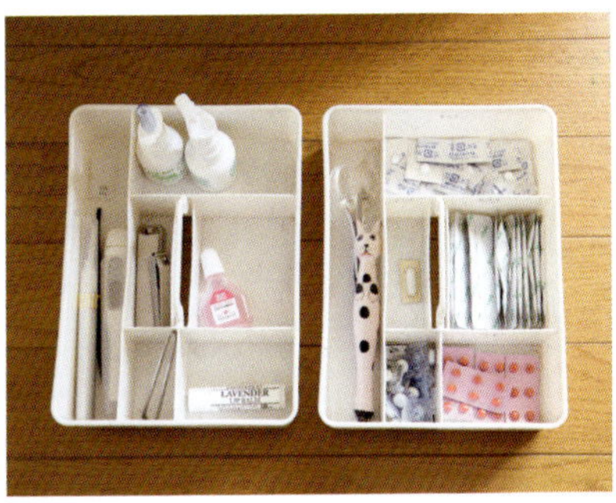

在家中可以单手使用的手提式扫除工具

津田女士将家中的扫除工具集中收纳在小库房里。全部放在门后和墙上，便捷性超群。

A：芳香喷雾，扫除后会喷一下。**B**："Daiso"的手提式吸尘器，带着吸管就可以挂在墙上。**C**：收纳地板专用吸尘器替换用的无纺布的袋子。**D**：胶带、地板专用吸尘器、小墩布，各1种。

每次去商店都因为可爱而购买的手帕

津田女士是手帕店"Kamawanu"的粉丝，每次去都会买一条。现在都用来包孩子的便当饭盒，等脏了以后当抹布用。

由于职业原因增加的牙科用品

津田女士现在是牙科护士。所以特别注重牙齿护理，物品也容易增加。仔细看，发现瓶子里装的是孩子的乳牙！这些物品和日常刷牙没有直接关系，所以打算放到其他地方保管。

实际上有不足

津田女士

"还需要改善"的要点

洗脸池下面用来放置刷牙用品、洗涤剂等。家人反映拿东西不方便，这是以后需要解决的课题。

43岁 42岁 16岁 14岁 9岁

☐ 4LDK 的独栋楼房

☐ 夫、妻、长子、次子、女儿，5口之家

柴野亚希子

我家有3个正在成长中的孩子
物品仿佛每天都在增加
所以现在我家全体成员正在实行
“增加1个，扔掉1个”的新规

在我家，长子练习排球，次子练习足球，丈夫玩垒球，我打排球，所以训练服、钉鞋等一直在增加。加上我又喜欢手工制作，在自己家里还开了个小店，布呀各种材料等成堆。还有不知道什么时候用得上的衣服、餐具、孩子们的画、手工等，也无法随意处理……

其实我的性格，看到物品增加就会很烦躁。觉得再这样下去无法忍受，所以下定决心从旧物品开始清理，只留下近1年使用过的物品。经过一番努力，现在心情很爽！

之后，我决定要保持不让物品增加。孩子的衣服上下装各5套，尺寸不合适了立即处理掉。餐具只留下家人够用的和客人使用的部分，大、中、小型号的锅各保留1个……经过这样整理后，烦躁情绪减少，生活变得舒适起来。

尽管如此，因为有3个孩子，游戏盘、发饰等物品还在增加。我和他们约定，要买什么的时候一定要和我商量，但令人头疼的是，偶尔丈夫和儿子们会不遵守约定。现在的新规定是，同种类的物品，增加1个就要扔掉1个。因为规则简单，家人也都能接受、遵守，令我松了一口气。现在我实现了一直很心仪的店铺风格的收纳，既乐在其中，又便于收拾。

1 年对收纳进行 4 次整理。借助这样的形式可以一直保持家中的干净整洁。训斥孩子的次数也少了。

厨房

KITCHEN

越着急越容易出错
根据烹饪内容
将道具分类收纳

孩子们开始社团活动，我也要去参加“妈妈排球”，傍晚非常忙碌。为了扩大活动空间，要尽量不把物品摆在外面。

为了可以马上给饥肠辘辘的孩子们做饭
“分成6个区域”，各得其所
减少烹饪过程中不必要的活动

孩子们参加完社团活动回到家，不能让他们饿着肚子等着。所以我家的厨房追求的是使用便捷。水槽下方拆掉柜门，将煮锅、煎锅集中收纳进去。这样一来，重量比较大的锅也方便取放。把大勺和锅铲挂在电磁炉旁边，烹饪过程中顺手就可以拿到。平时使用的餐具，从餐柜中整篮提出来，盛饭的时候很方便。来我家玩儿的朋友都惊叹于这么小的餐柜，可以收纳自家和客人使用的大部分餐具。重点是要选择设计上可以兼顾客人使用的餐具。

电磁炉旁

收纳常用的5种厨房工具

烹饪台下

根据用途，准备3个盆

水槽下

大、中、小号3口锅

右上图：大、中、小3个型号的锅，煎锅和煎蛋器各1个。锅很占地方，有这些就够用了。中上图：大、中、小3个盆，2个量杯。一次要做很多菜的时候，有时工具多一些可以提高效率。左上图：锅铲和橡胶勺准备常用的2个，挂在吊杆上。

橱柜下

将喜欢的菜谱集中
收纳进1个篮子

右图：橱柜下面的架子，收纳的是装3个孩子学校用的打印资料的文件夹。因为我在厨房的时间较长，必要时马上就可以看到。
左图：金枪鱼罐头、通心粉等，孩子们喜欢的烹饪材料，集中放在有提手的篮子里。

为了应对家人吃饭的需要和客人的需要

餐具收纳场所分成 2 类

除了收进篮子的餐具，摆在外面的都是可以招待客人使用的，这样完全可以满足需要。平时使用着可爱的器皿，心情也会变好。

家人用的餐具每种 5 件，集中收入篮子

平时兼用招待客人的餐具各 5 件，占用 3 层架子

右边的篮子是西式早餐使用的 5 个人的马克杯、3 个孩子的汤碗。左边是每天使用的饭碗、汤碗、小碟子、茶杯等。

以容易叠放、没有花纹的器皿为主。上层放茶具套装，中层是平盘，下层是牛奶咖啡盘、大盘子等。

家中 5 口人的基本搭配

日式料理基本使用饭碗、汤碗、较大的盘子、小碟子 2 个。最近经常做一大盘菜，5 个人分餐，这 5 件餐具为 1 套。

和友人欢聚的下午茶时光

这是朋友来做客、喝茶时的搭配。盘子和叉勺是和家人共用的，茶杯是专门给客人使用的。

起居室 & 店铺

LIVING ROOM & SHOP

经常有很多喜欢杂货的朋友来我家的小店
所有物品“全部收纳在 4 件家具中”，看起来干净整洁

起居室

1

常备 12 人份的招待客人的用品，收纳在1个柜子中，准备迎接大批的朋友

古董柜专门用来收纳招待客人用的餐具、餐布。玻璃器皿和陶瓷茶杯分抽屉放置。

珍藏的茶具 6 种 ×2 组

茶杯我准备了自己特别喜欢的 6 种。上、下两层共 12 个，来很多客人时也可以应对。

玻璃茶杯和茶托 12 组

玻璃茶杯共 5 种，其中 4 种，每种 2 个，另外 1 种，有 4 个。配合茶的种类选择茶具，是很快乐的事情。

8 张餐布
20 张杯垫

为了迅速拿出合适数量的餐布、杯垫，要将它们立着收纳。杯垫有布质、丝质等，种类丰富。

我家销售杂货、手工艺品的小店，每年开门营业几次。客人进门要穿过的起居室中，只使用1个古董柜用来收纳，地方很宽敞。古董柜里放的是招待客人用的茶杯和餐布，随时都方便取用。起居室旁边的房间就是时不时开门营业的店铺，为了让客人们行动方便、便于挑选商品，我使用了3件家具用来收纳兼陈列。这样即便商店不营业，我收拾起来也不会觉得麻烦，特别适合整日忙碌的我。

店铺

为了方便客人购物，我设置了3件家具用作陈列商品，商品按照种类分开摆放。

店铺营业时，商品按照种类分别摆放在大、中、小3件家具里。这样便于挑选，受到客人们的好评。

2

放置玻璃、陶器的柜子

3

服装类

这是个用餐柜改装的陈列柜，主要松散地摆放着玻璃制品、陶器等。开放货架上，将我手工制作的衣服摆成时装店的风格。有不少客人称赞说“可以成为我家收纳的范本啊”。

4

饰品和蜡烛

柜子上面摆放的是手工艺品。柜子里面是蜡烛等杂货。

壁橱

CLOSET

我家有 5 口人，衣服的数量不少。但是经过重新规划，如今保持 1 个季节每人 5 件的程度，衣橱里并没有被塞满。为什么是 5 件呢？因为万一哪天我太忙来不及洗，有工作日 5 天的备用量也够了。而且两个儿子上高中、初中都有校服，不需要那么多衣服。孩子们的衣服都由他们自己管理，为了提高他们的热情，我把衣橱设置成店铺风格。这样衣橱的收纳就不是简单地塞进去，而是带有装饰感，自然、快乐。这样也便于对不需要的衣服进行判断。

"增加 1 件，扔掉 1 件"实践起来很容易
衣橱整理成店铺风格，时常"保持 5 件"
保证 5 天工作日的搭配

妈妈

根据内容划分区域 每样 5 件

我的衣橱里分为半身裙、连衣裙、牛仔裤、针织衫、袜子 5 个区域。

白色的针织衫占用 1 个格子

使用频率很高的白色针织衫，放在最容易取用的上层的格子里。这个位置可以一下拿出来。

紧身裤袜和袜子叠成篮子的宽度

袜子和紧身裤袜各5双，放入篮子。篮子可以整体搬运，比起放在抽屉里，更容易挑选衣物。

牛仔裤卷起来放在篮子里

牛仔裤卷起来立着放在篮子里。这样从上面就可以分辨，还不容易折出褶皱。

长子 次子

在房间一角设置 1 个店铺风格的衣架 每种衣服 5 件

FILE 07

两个儿子的衣服放在开放式衣架上。上面是哥哥的，下面是弟弟的。回到家马上就可以换衣服。裤子只有 2 条。

这是次子的 5 件训练服。因为已经是中学生了，所以衣服的挑选由他自己决定，但是我会不时检查整理情况。

女儿

在开放式衣架上 根据种类每样 5 件叠放

女儿的衣服放在衣架上，再收纳进衣橱，叠好、平铺。因为她要自己挑选每天的衣服，所以摆放时要容易分辨。

为了便于挑选，针织衫 2 件一组

针织衫按照颜色深浅、花色分类，2 件叠放在一起。按照这个规则，就不会凌乱。

轻薄的吊带衫，4 件一组

轻薄的吊带衫，4 件叠放在一起。基本每天都清洗，所以这个数量足够。禁止随意增加。

袜子、紧身裤袜，按照种类立着收纳

忙碌的早上，为了节省选衣物的时间，收纳时要立着摆放，从上面看过来就可以分辨出来。这样就能避免迟到。

玄关

ENTRANCE

鞋柜里的收纳上限是 40 双
一年四季“每个人不超过 8 双”

在玄关的门边增设了一个鞋柜。解决了我多年以来的烦恼。每人 8 双鞋，有些拥挤，目标是将数量保持在这个数字以下。

妈妈的鞋 + 应季的鞋

1 人使用 1—2 层

在此范围内做选择

第 1 层是夏季的鞋，第 2 层是平时的鞋，第 3 层是打扮时用的鞋。最下面一层是我的靴子和女儿的雪地靴。

雨伞 1 人 1 把

雨伞没必要1人好几把，所以规定1人只有1把。花色、款式都不同，每个人都有自己专用的雨伞，不会搞错。平时放在鞋柜旁边插伞的架子里备用。

外出用品收纳在 1 个篮子里

右数第 1 幅图中细长的柜子里放的是口罩、去孩子学校时提的包，下层专门放帽子。右数第 2 幅图中去学校时提的包里放的是拖鞋、笔记本、文具、化妆包等。为了方便取用，按组摆放。

FILE 07

我不能忍受玄关到处都是鞋。所以我家规定每个人的鞋不能超过 8 双。因为我家的鞋柜容量就是 40 双。实际上这个鞋柜是因为孩子们长大，以前的鞋柜放不下了才增设的。鞋子绝对不能超过这个数量！增设的鞋柜是 3 个孩子和丈夫用的。事先确定了每个人使用的位置，所以不会发生家庭成员的鞋混放的情况。右侧是我自己用的。鞋柜里还放了孩子们学校、社团活动用的物品、口罩等，限定数量的成果就是玄关一直保持整洁。丈夫回家的时候说心情很好，我非常高兴。

孩子们的鞋

经常穿的鞋摆在正中间的位置
每个人的鞋包括拖鞋，不能超过 8 双

孩子们和丈夫的鞋。从上面开始分别是女儿、次子、长子、丈夫的鞋，经常穿的放在最中间。这样，一打开鞋柜的门就能拿到。最下层放的是次子的足球用品。

实际上有不足

柴 野 女 士

“还需要改善”的要点

觉得可以用作收纳，所以不注意就买了很多篮子

我一直都很喜欢篮子，虽然篮子是收纳工具，但是它还可用作室内装饰，所以顺手就买了。我准备重点处理使用起来不方便的小篮子。

社团活动的物品占用 2 个篮子

右边的篮子是运动服。左边的篮子是袜子等。因为摆放得很容易取用，所以儿子自己拿，我只管清洗之后放回去。今后我打算将收纳的事都交给他自己。

38岁 45岁 狗

☐ 3LDK 的独栋楼房

☐ 夫、妻，2人世界

泷本真奈美

制作杂货的材料、工作用的资料

使家中经常处于混乱状态

遵循**"1个种类的物品，固定占用1块较大空间"**的宗旨

每天确认物品的数量是否合适

我关注收纳问题，是从中学时代开始的。和我家乱糟糟的情况不同，朋友家中干净整洁，让我觉得很羡慕，于是自己开始研究起来。如今孩子们已经长大独立，我们过着2人世界，在尝试中尽管会不断出错，但将收纳问题看作室内装修的延续，也很有乐趣。

我曾经长年从事护士工作。从工作中学到『物品一定要放在需要使用它的位置，便于取用』。日用品要根据日常的行动轨迹考虑放置的地点，一旦决定了收纳场所，不论什么物品，拿出来就要放回原处，这是基本规则。

尽管如此，生活中一不注意，物品就会增加。比如我觉得可爱的小器皿、服装等。为了防止过度增加，我确立了『1个种类的物品，固定占用1块较大空间』的法则。

比如，衣服要根据衣架的数量来确定，超过这个数量的部分就拿到二手货商店去。器皿也是一样，固定占用架子的一层，数量增加了，就要重新筛选。日用品等零碎物品，在抽屉中详细分类后进行收纳，确定收纳容器的个数，这样容易把握数量，便于管理。

这种方法丈夫实行起来也很容易，也可以遵守『物归原位』的原则。每次扔垃圾（译者注：日本每周固定某几天的固定时段，可以将指定种类的垃圾扔到指定的地点，除此之外的时间扔垃圾是违法的）的前一天，我们俩会对是否有不需要的物品进行检查，最近已经成为习惯。丈夫比较客观的看法，使我能发现需要改善的地方。我觉得每天都在学习受教。

FILE 08

随着对收纳的热情高涨，我最近出版了《lovelyzakka100 日元货物的可爱收纳小创意》（扶桑社刊）。每个月将房间里的摆设重新调整一次，检查物品的数量。

THE INTRODUCTION OF COFFEE
TO THE AMERICAS WAS EFFECTED
BY GABRIEL DES CLIEUX
01 02 03
04 05 06
07 08 09
R

FILE 08

起居室

LIVING ROOM

“夫妻二人的休闲用品每种 2 件”
“自己的护肤品各 1 种”，作为“我的必需品”严加挑选

放松的休闲时光不想移动身体
所需物品“按使用数量放在需要使用的位置”

因为休闲时光不常有，所以更显得宝贵。所需物品经过严格挑选后，分组收纳在手边方便的位置。

桌上的篮子里
放 2 人份的杯垫

想喝茶的时候迅速就可以准备好。我和丈夫 2 人份的垫子都放在篮子里。

桌子下面 2 个铁丝篮
放杂志用

经常看的杂志一趟趟去拿很不方便，所以放在桌子下面的篮子里。1 个篮子里放 9 本，不能多，每个月更新一次。

长凳下面的塑料盒
收纳桌布和靠垫套各 2 件

想换换心情的时候，就更换一下桌布和靠垫套的款式。以前买了很多，但是现在经过严格挑选，各保留 2 件，收纳在长凳下。长凳是由立柜改装的。

最近我常把起居室当作工作场所使用，一忙起来材料、资料就扔得到处都是，一旦要来客人，收拾起来手忙脚乱。于是我重新规划，把工作间移到2楼，起居室恢复成专门用来休闲的场所。为了不让房间凌乱，要尽量减少物品的移动。桌子周围是挑选出来的休闲时要使用的物品，化妆、护肤用品集中收纳在厨房旁的镶嵌式柜子里。我在下午茶和护肤上比较花时间，所以相关用品的数量稍微多些。

尽量缩短化妆时间 “按照使用顺序依次排列”

在梳妆打扮的区域，我在如何能迅速完成化妆上下了功夫。从下至上依次是基础化妆品、彩妆、润饰用品，分放在箱子里。

隐形眼镜，1个月的使用量 指甲油，2种颜色，和洗甲水放在一起

5个一排的隐形眼镜正好放在“Seria”的木箱里。指甲油是固定的2种颜色。

化妆品根据“我的必需品”挑选，每样1种

试用很多化妆品后，选出最适合自己的固定品种，防止冲动消费。按照使用顺序排列，节省了时间，看起来也整洁。

化妆品的款式要小巧、简洁

护肤品是例外 只要盒子放得下，可以多准备些自己喜欢的

我不喜欢乳液，根据皮肤的状况，平时分别使用3种护肤水。美容液、油、护手霜、古龙水，与纸巾一起装在“Daiso”的盒子里。

FILE 08

工作室

ATELIER

为了在狭小的空间中安全、正确地 DIY
“1 个工序使用的物品收纳在 1 个地方”

玄关旁边只有约 3 平方米的小房间，是进行锯木材、涂装等 DIY 的工作间。工具看着不美观，所以我将它们收纳在从主房间看过来处于视线死角的一面墙上。工具、材料的收纳整理，最重要的是“安全、方便”。为了使用中不出错，要按照用途整理出必要的数量，根据使用目的分区域放置。这样可以减少无效的行动，在作业时集中精力。

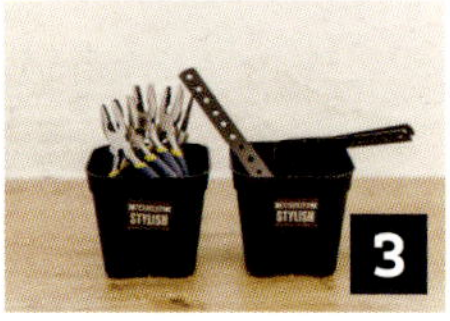

2 中的工具，使用 100 日元的容器分开收纳

1. 小图钉、迷你螺钉等特别小的零件，放在 6 个透明的容器中。2. 木螺钉根据颜色和长度，每 7 个装进 1 只甜品杯。为了容易辨别，外面贴上标签。3. 偶尔我会开办学习会，钳子准备 5 个，包括学生们使用的部分。柜子的承载器根据式样、大小，各准备 2 个。4. 锤子、锯子、壁纸刷等大工具放在一个大的油漆罐里，改锥等小工具集中放在一个小罐里。

清扫用的刷子，分带柄的和无柄的 2 种

刮削器孔洞的粗细不同，有 3 种

1 中的物品根据用途，经常变换数量

刮削器分为“布制品做旧用”和“木材做旧用”，共 3 种。刷子是用来清扫高处和平面的。每种工具的用途、数量都不同，为了便于管理，应开放式收纳。

因为空间狭小，所以要灵活运用墙壁，透明的墙面挂袋、纵深6cm的搁板，可以派上用场。

1 做旧用工具

2 钉螺丝、钉子用的工具

泷本女士家的发现

泷本女士喜爱的适合用于数量管理的
100 日元收纳工具

“Seria”的铁丝篮(大)

A4 纸尺寸的比较好用。可以收纳书籍、杂志、毛巾等，用途多多。它的一大优点是不太深。

“Seria”的甜品杯

虽然是厨房用品，但特别适合分类收纳 DIY 材料。盖子上贴好标签。直径 6cm× 高 5.2cm。

“Seria”的铁丝篮(中)

尺寸可以容纳 3 个小瓶，适用于收纳茶叶、调味品。吉留女士也喜欢用。

“Seria”有盖子的小瓶

瓶身透明，内容物一目了然。大小最适合集中收纳常用的小螺丝、金属件。直径 5.5cm× 高 6.5cm。

“Seria”和“Daiso”的塑料筐

固定用品中的固定项目。这个筐有一定高度，适合放调味料和洗涤剂。左：26cm×18cm×14cm，右：27cm×19cm×15cm。

“Seria”的 PET 容器

它的大小正好可以收纳一个月用量的咖啡滤纸和茶包。直径 14cm× 高 14.3cm。

“Seria”的庭园花盆

适用于整理发饰、文具等零碎物品。贴上同样是 100 日元的铭牌，顿时提升档次。

“Daiso”的不锈钢马克杯

因为有一定高度，适用于卫生间收纳塑料手套、1 周内使用的清洁海绵。直径 9.5cm× 高 9cm。

FILE 08

办公区 WORK SPACE

在家里做案头工作时最重要的是明快
要彻底执行“1 个收纳工具中只放 1 种物品”

2 楼的楼梯间，有个镶嵌式的小台子，最适合做案头工作。资料很多就容易杂乱无章，而且搞丢了会很可怕，所以我使用有 9 个袋子的文件夹、手工制作分成 4 格的存收据的盒子等，将资料按用途分为企业合作、写作等进行收纳，尽量做到简单明了。如果想整理得更细致，我应该也能做到，不过目前这种有些粗糙的收纳方法对我比较适用。

样板间的搭配设计、写作专栏。各种与工作有关的资料，根据内容分装在黑色的文件夹里。

胶带集中放在 1 个罐子里，打包时马上就能用

开网店必用的打包胶带，常备 2 种，放在 1 个罐子里。

收据按照领域分类，一旦满了，就记账

使用 4 个“Seria”的木箱装收据，放在专用的盒子里。分为工作杂费、交通费、家庭餐费和杂费。

举办活动用的会计相关物品放在 1 个塑料盒里

每个月店铺开门营业几次，这是会计相关用品。计算器、剪刀、账本一起放在盒子里，可以整体移动，不会遗漏。

实际上有不足

泷本女士

“还需要改善”的要点

最近在 2 层新增工作室，同时也用来放置材料、工具。举办活动前，物品总是溢出来，必须下功夫。

对于每天都在增加的制作杂货的材料，要想保持一定数量，就要调整存货。

A 印章

B 干花系列材料

C 文具

D 胶枪和零件

以工作台为中心，集中收纳需要使用的物品。这个房间刚建好，收纳、装修方面都还有很多问题要解决。

特别容易增加的是干花

干花是泷本女士在各种活动中销售的固定商品“lovely 花环”不可缺少的原材料。活动前，干花数量会有一个硬纸箱那么多。

将有厚度、大小不一的印章放进抽屉，再用 2 个细长的木箱分开整理。

印章占用 2 个抽屉。这个抽屉中的印章是比较轻且矮小的。

制作花环时经常使用的干花，分别放在 8 个 PET 容器中。需要的时候，马上就可以挑出要用的干花。

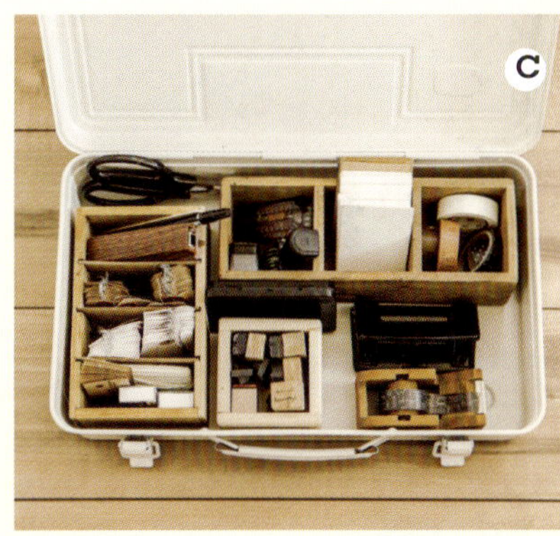

标签、价签等最后工序使用的物品多收纳在“无印良品”的工具盒中。工具盒中再用 3 个木箱进行分类。

胶枪、替芯、绳子等，分类放在容器里，集中放进一个篮子。使用时将篮子整个拿出来。

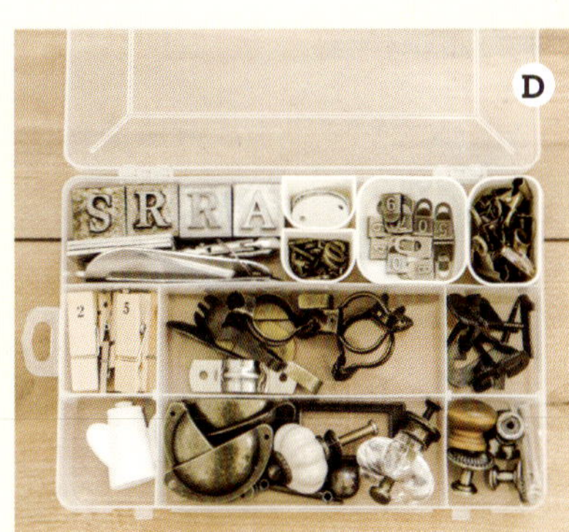

手柄、改变作品式样时需要用的零件等，集中放在有分格的塑料盒中。

在狭小的空间中
重新审视“合适的数量”
定能找到“我也可以”的自信

看了对以上 8 人生活情况的介绍，
是不是有人已经进入放弃模式，觉得“我肯定做不到”？
其实，严格把握“合适的数量”的人，也有无法放弃的物品
和不注意物品就增多的情况。
没必要勉强自己放弃自己喜爱的物品。
首先应该要反思自己家中的状况和家人的生活模式，
找到哪些是压力增加的根源。
找到“合适的数量”，必定会成为解决生活舒适度欠佳的关键。
让我们以自己的方式，向舒适的生活迈出第一步吧！

图书在版编目（CIP）数据

从零开始学收纳．基础篇 / 日本株式会社主妇与生活社编；谢玥译．— 杭州：浙江人民出版社，2017.11

ISBN 978-7-213-08376-1

Ⅰ．①从… Ⅱ．①日… ②谢… Ⅲ．①家庭生活－基本知识 Ⅳ．①TS976.3

中国版本图书馆 CIP 数据核字（2017）第 212652 号

浙江省版权局

著作权合同登记章

图 字：11-2017-200 号

从零开始学收纳（基础篇）

日本株式会社主妇与生活社 编

谢玥 译

出版发行 浙江人民出版社（杭州市体育场路 347 号 邮编 310006）

责任编辑 钱 从

责任校对 朱 妍 张志疆

封面设计 门乃婷工作室

电脑制版 门乃婷工作室

印　　刷 小森印刷（北京）有限公司

开　　本 787 毫米 ×1092 毫米 1/16

印　　张 7.75

字　　数 100 千字

版　　次 2018 年 3 月第 1 版

印　　次 2018 年 3 月第 1 次印刷

书　　号 ISBN 978-7-213-08376-1

定　　价 55.00 元

如发现印装质量问题，影响阅读，请与市场部联系调换。

质量投诉电话：010-82069336

铁葫芦

铁肩担道义　葫芦藏好书